高等学校计算机教育信息素养系列教材

大学计算机基础
实践教程

Windows 7 + Office 2016

U0300368

吴昊 宋岚 ◎ 主编

熊李艳 雷莉霞 张月园 ◎ 副主编

人民邮电出版社

北 京

图书在版编目（CIP）数据

大学计算机基础实践教程：Windows 7+Office 2016/
吴昊，宋岚主编. -- 北京：人民邮电出版社，2021.9
高等学校计算机教育信息素养系列教材
ISBN 978-7-115-57191-5

Ⅰ. ①大… Ⅱ. ①吴… ②宋… Ⅲ. ①Windows操作系
统－高等学校－教材②办公自动化－应用软件－高等学校
－教材 Ⅳ. ①TP316.7②TP317.1

中国版本图书馆CIP数据核字(2021)第167654号

内 容 提 要

本书是《大学计算机基础（Windows 7 + Office 2016）》的配套实验教材，主要通过上机实训和习题对主教材的内容进行实践指导和强化。本书实验案例来源于计算机等级考试真题及应用实际问题，理论联系实际，对于提高读者的实践动手能力具有很大的帮助。

本书适合作为各类高等院校非计算机专业的计算机公共基础课的实践教学用书，也可作为参加全国计算机等级考试一、二级考试的上机参考用书。

◆ 主　编　吴　昊　宋　岚
　　副主编　熊李艳　雷莉霞　张月园
　　责任编辑　张　斌
　　责任印制　王　郁　马振武

◆ 人民邮电出版社出版发行　　北京市丰台区成寿寺路 11 号
　　邮编 100164　　电子邮件 315@ptpress.com.cn
　　网址 https://www.ptpress.com.cn
　　保定市中画美凯印刷有限公司印刷

◆ 开本：787×1092　1/16
　　印张：10.75　　　　　　　　2021 年 9 月第 1 版
　　字数：282 千字　　　　　　2024 年 8 月河北第 9 次印刷

定价：36.00 元

读者服务热线：**(010)81055256**　印装质量热线：**(010)81055316**
反盗版热线：**(010)81055315**
广告经营许可证：京东市监广登字 20170147 号

前 言 PREFACE

2021 年是建设高质量本科教育体系、推进本科教育提质创新发展的关键之年。为进一步抓好教学质量关，抓好人才培养"新基建"，编者立足当前计算机基础教学的实际情况，以计算思维为导向、以培养学生实际应用能力为目标，进一步修订了计算机基础课程的教学大纲，编写了《大学计算机基础（Windows 7 + Office 2016）》及配套实践教程，以满足计算机基础教学的需要。

本书为实践教程，通过大量的示例和上机实验，由浅入深、循序渐进地介绍计算机的基本知识和 Office 等软件的操作，培养学生自主学习能力和分析、处理问题能力。同时在内容上尽可能涵盖 2021 年全国计算机等级考试的内容，并提供了大量的习题，方便学生考前训练和复习，第 9 章和第 13 章由于内容关系没有上机实践部分。

本书建议与主教材配套使用。

本书由长期在教学一线从事计算机基础教学、经验丰富的多位教师参与编写。全书由吴昊、宋岚担任主编，由熊李艳、雷莉霞、张月园担任副主编。全书共分 13 章，其中第 1 章、第 3 章、第 4 章、第 8 章由吴昊编写，第 2 章、第 6 章、第 7 章由雷莉霞编写，第 5 章、第 10 章由熊李艳编写，第 9 章、第 12 章由宋岚编写，第 11 章、第 13 章由张月园编写。

在编写本书过程中，编者得到了基础教研室同仁们的指导和帮助，在此表示衷心的感谢。由于编者的水平有限，书中难免存在不足之处，欢迎读者提出宝贵意见。

编 者

2021 年 4 月

目 录 CONTENTS

01

第1章 计算机与信息技术基础

1.1 实验 不同数制之间的相互转换

一、实验目的

（1）掌握十进制数与其他进制数之间相互转换的方法。

（2）掌握二进制数与八进制数、十六进制数相互转换的方法。

二、实验内容

（1）R 进制数转换成十进制数。

（2）十进制数转换成二进制数、八进制数、十六进制数。

（3）二进制数转换成八进制数、十六进制数。

（4）八进制数、十六进制数转换成二进制数。

三、实验步骤

1. R 进制数转换成十进制数

将二进制数、八进制数、十六进制数转换为十进制数时，只需要按权展开相加即可。

（1）将二进制数 11011.011 转换成十进制数。

$$(11011.011)_2=(1\times2^4+1\times2^3+0\times2^2+1\times2^1+1\times2^0+0\times2^{-1}+1\times2^{-2}+1\times2^{-3})=(27.375)_{10}$$

（2）将八进制数 12.3 转换成十进制数。

$$(12.3)_8=(1\times8^1+2\times8^0+3\times8^{-1})=(10.375)_{10}$$

（3）将十六进制数转换成十进制数。

$$(1D.3)_{16}=(1\times16^1+D\times16^0+3\times16^{-1})_{10}=(1\times16^1+13\times16^0+3\times16^{-1})_{10}=(29.1875)_{10}$$

2. 十进制数转换成二进制数、八进制数、十六进制数

转换方法为：整数部分（逆向取余）与小数部分（正向取进位）分别转换，最后再组合起来。

例：十进制数 27.375 转换成二进制数。

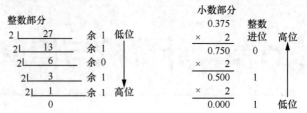

可得：$(27.375)_{10}=(11011.011)_2$。

十进制数转换成八进制数：整数部分不断除以 8，直至商为 0 为止，余数逆向书写；小数部分不断乘以 8，整数进位正向书写。

十进制数转换成十六进制数：整数部分不断除以 16，直至商为 0 为止，余数逆向书写；小数部分不断乘以 16，整数进位正向书写。

3. 二进制数转换成八进制数、十六进制数

（1）将二进制数转换成八进制数：以小数点为界，分别向整数高位方向或小数低位方向每 3 位为一组，整数部分不够 3 位，则高位用 0 补齐；小数部分不足 3 位，则低位用 0 补齐。

例：二进制数 1100101.10101 转换成八进制数。

二进制数：001 100 101.101 010

八进制数：　1　4　5．5　2

即$(1100101.10101)_2=(145.52)_8$。

（2）将二进制数转换成十六进制数：以小数点为界，分别向整数高位方向或小数低位方向每 4 位为一组，整数部分不够 4 位，则高位用 0 补齐；小数部分不足 4 位，则低位用 0 补齐。

例：将二进制数 10110110101.1010101 转换成十六进制数。

二进制数：　0101 1011 0101.1010 1010

十六进制数：　5　B　5．A　A

即$(10110110101.1010101)_2=(5B5.AA)_{16}$。

4. 八进制数、十六进制数转换成二进制数

（1）将八进制数转换成二进制数：每 1 位八进制数转换成对应的 3 位二进制数，最后整数部分的高位 0 舍弃，小数部分的低位 0 舍弃。

例：将八进制数 23.61 转换成二进制数。

八进制数：　2　3．6　1

二进制数：　010 011.110 001

即$(23.61)_8=(010011.110001)_2=(10011.110001)_2$。

（2）将十六进制数转换成二进制数：每 1 位十六进制数转换成对应的 4 位二进制数，最后整数部分的高位 0 舍弃，小数部分的低位 0 舍弃。

例：将十六进制数 2f3.61a 转换成二进制数。

十六进制数：　2　f　3．6　1　a

二进制数：0010 1111 0011.0110 0001 1010

即$(2f3.61a)_{16}=(001011110011.011000011010)_2=(1011110011.01100001101)_2$。

1.2　习题

一、选择题

1. （　　）被誉为"现代电子计算机之父"。

 A. 查尔斯·巴贝奇 B. 阿塔诺索夫   C. 图灵   D. 冯·诺依曼

2. 世界上第一台通用电子数字计算机 ENIAC 诞生于（　　）年。

 A. 1943   B. 1946   C. 1949   D. 1950

3. 计算机存储数据的基本单位是（　　）。

 A. bit   B. Byte   C. B   D. KB

4. 1 字节表示（　　）位二进制数。

 A. 2   B. 4   C. 8   D. 18

5. 计算机的字长通常不可能为（　　）位。

 A. 8   B. 12   C. 64   D. 128

6. 将二进制数 111110 转换成十进制数是（　　）。

 A. 62   B. 60   C. 58   D. 56

7. 将十进制数 121 转换成二进制数是（　　）。

 A. 1111001   B. 1110010   C. 1001111   D. 1001110

8. 下列 R 进制的整数中，值最大的是（　　）。

 A. 十六进制数 34 B. 十进制数 55 C. 八进制数 63 D. 二进制数 110010

9. 用 8 位二进制数能表示的最大的无符号整数等于十进制整数（　　）。

 A. 255   B. 256   C. 128   D. 127

10. 将八进制数 16 转换为二进制数是（　　）。

 A. 111101   B. 111010   C. 001111   D. 001110

11. 计算机的发展阶段通常是按计算机所采用的（　　）来划分的。

 A. 内存容量   B. 电子器件 C. 程序设计语言 D. 操作系统

12. 从电子计算机诞生到现在，按计算机采用的电子器件来划分，计算机的发展经历了（　　）个阶段。

 A. 4   B. 6   C. 7   D. 3

13. 在淘宝上购物，该应用属于（　　）。

 A. 信息处理   B. 数据处理 C. 计算机通信 D. 电子商务

14. 下列叙述不是电子计算机特点的是（　　）。

 A. 运算速度高   B. 计算精度高

 C. 运行过程不能自动、连续，需人工干预 D. 具有记忆和逻辑判断能力

15. 计算机最早的应用领域是（　　）。

 A. 信息管理   B. 过程控制 C. 科学计算   D. 人工智能

16. 当代计算机采用的电子器件是（　　）。

 A. 电子管   B. 晶体管   C. 集成电路   D. 超大规模集成电路

17. CAD 是（　　）的英文缩写。

 A. 计算机辅助教学 B. 计算机辅助制造 C. 计算机辅助管理 D. 计算机辅助设计

18. 第二代计算机采用的电子器件是（　　　）。

    A. 电子管　　　　　　　　　　　　B. 小规模集成电路

    C. 晶体管　　　　　　　　　　　　D. 大规模或超大规模集成电路

19. 世界上第一台通用电子计算机 ENIAC 采用的电子逻辑元件是（　　　）。

    A. 继电器　　　　　B. 电子管　　　　　C. 晶体管　　　　　D. 集成电路

20. 个人计算机属于（　　　）。

    A. 巨型机　　　　　B. 大型机　　　　　C. 小型机　　　　　D. 微型机

21. 一个完整的计算机系统包括（　　　）。

    A. 主机与外部设备　　　　　　　　B. 主机与输入设备

    C. 硬件系统与软件系统　　　　　　D. 运算器、控制器和存储器

22. 计算机自诞生以来，在性能、价格等方面都发生了巨大的变化，但是其（　　　）没有发生多大的改变。

    A. 耗电量　　　　　B. 体积　　　　　C. 运算速度　　　　　D. 体系结构

23. ROM 的特点是（　　　）。

    A. 用户可以随时读写　　　　　　　B. 存储容量大

    C. 存取速度快　　　　　　　　　　D. 断电后信息仍然保持

24. 计算机内所有的信息都是以（　　　）数码的形式表示的。

    A. 二进制　　　　　B. 八进制　　　　　C. 十六进制　　　　　D. 十进制

25. 硬盘是（　　　）。

    A. 数据通信设备　　B. 内部存储器　　C. 外部存储器　　　D. CPU 的一部分

26. 以下全是输入设备的是（　　　）。

    A. 鼠标、键盘、打印机　　　　　　B. 扫描仪、键盘、硬盘

    C. 鼠标、硬盘、音箱　　　　　　　D. 扫描仪、键盘、音箱

27. ASCII 是一种对（　　　）进行编码的计算机代码。

    A. 汉字　　　　　　B. 字符　　　　　C. 图像　　　　　D. 声音

28. 计算机的应用包括 CAI，其中文全称是（　　　）。

    A. 计算机辅助设计　B. 计算机辅助教学　C. 计算机辅助教育　　D. 计算机辅助学习

29. 下列说法错误的是（　　　）。

    A. 计算机运算速度快、精度高　　　　B. 计算机存储容量大

    C. 计算机具有自动化能力　　　　　　D. 计算机不具有逻辑判断能力

30. 计算机能够执行的语言是（　　　）。

    A. 机器语言　　　　B. 汇编语言　　　　C. 高级语言　　　　D. 语音

31. 计算机内部所有的指令数据都是以（　　　）形式进行存储的。

    A. 十进制　　　　　B. 二进制　　　　　C. 八进制　　　　　D. 十六进制

32. 英文字母序列 "abcd" 在计算机内部需要（　　　）位。

    A. 4　　　　　　　　B. 8　　　　　　　　C. 16　　　　　　　　D. 32

33. 1GB 相当于（　　　）KB。

    A. 1024　　　　　　B. 1000　　　　　　C. 1000000　　　　　D. 2^{20}

34. 我们常说的容量 1MB，为（　　　）KB。

    A. 1000　　　　　B. 1024　　　　　C. 1　　　　　D. 10

35. 以下（　　）是不合法的八进制数。

    A. 5678　　　　　B. 3456　　　　　C. 7176　　　　　D. 1234

36. 将二进制数 110011 转换成十进制数的结果为（　　）。

    A. 50　　　　　　B. 51　　　　　　C. 53　　　　　　D. 52

37. 八进制数 512 对应的二进制数为（　　）。

    A. 101001010　　B. 101001110　　C. 101101010　　D. 110001010

38. 将十进制数 100 转换成二进制数为（　　）。

    A. 1100100　　　B. 1100101　　　C. 1100110　　　D. 1100111

39. 下面 ASCII 值最大的是（　　）。

    A. b　　　　　　B. c　　　　　　C. A　　　　　　D. B

二、填空题

1. 计算机电子元器件的发展经历了电子管、（　　）、集成电路、（　　）4 个阶段。

2. 计算机中系统软件的核心是（　　），主要用来控制和管理计算机的所有软硬件资源。

3. 中央处理器包括（　　）和（　　），前者可以进行算术运算和逻辑运算。

4. （　　）语言是能被计算机硬件直接识别并执行的语言。

5. 计算机中存储数据的最小单位是（　　）。

6. 1GB=（　　）MB=（　　）KB=（　　）Byte。

7. （　　）又称为（　　），它可以和 CPU 直接交换信息。

8. 计算机病毒是指编制或在计算机程序中插入的破坏计算机功能或毁坏数据，影响计算机使用，并能自我复制的一组（　　）。

9. 第二代计算机采用的逻辑元件是（　　）。

10. 冯·诺依曼提出了计算机由五大部件组成，分别为运算器、（　　）、（　　）、（　　）、（　　）。

11. 将十进制数 50.25 转换成二进制数的结果是（　　）。

12. 目前国际上应用最广泛的编码是 ASCII，它的中文全称是（　　），字母 D 的 ASCII 值是（　　）。

13. 二进制数 11101001 转换成十六进制数的结果是（　　），转换成八进制数的结果是（　　）。

02 第2章 计算机系统组成

2.1 实验 1 键盘及指法练习

一、实验目的

（1）熟悉键盘的结构和功能。

（2）掌握基本指法，培养正确姿势。

（3）了解常用输入法。

二、实验内容

（1）键盘的结构及功能介绍。

（2）打字的基本指法及正确姿势。

（3）了解常用输入法，并进行中英文录入练习。

三、实验步骤

1. 键盘的结构及功能介绍

键盘是计算机使用者向计算机输入数据或命令的最基本的设备。常用的键盘如图 2.1 所示，主要由 4 部分组成：主键盘区、小键盘区、功能键区和编辑键区。

图 2.1　键盘

（1）主键盘区

主键盘与普通英文打字机的键盘类似，部分键有上、下两挡符号，通过换挡键来切换。

（2）小键盘区

小键盘主要用于数据录入。需要快速输入数据时，输入人员可右手输入数据，左手翻动单据。小键盘的功能可通过数字锁定键来切换。

（3）功能键区

功能键位于键盘上部，有 12 个功能键和 4 个其他键。功能键 F1～F12 在不同的软件中代表的功能不同。

（4）编辑键区

编辑键主要用于光标定位和编辑操作等。

2. 打字的基本指法及正确姿势

（1）基本指法

键盘上的基本键有 "A" "S" "D" "F" "J" "K" "L" ";" 8 个。这 8 个基本键也称为原位键。通常把左手小指称为 A 指，无名指称为 S 指，中指称为 D 指，食指称为 F 指。同样，可将右手食指称为 J 指，中指称为 K 指，无名指称为 L 指，小指称为 ";" 指。空格键由双手的拇指控制。若前一个字符用左手击键，则可以用右手拇指击空格键；若前一个字符用右手击键，则可用左手拇指击空格键。拇指的击键方法与其他键不同，击键方向为横向下击，而不能将拇指垂直于空格键。

每个手指除了指定的基本键外，还分工有其他的字键，称为范围键。例如，S 指的基本键是字母 S，而它的范围键是字母 X、W 和数字 2，键盘指法分工如图 2.2 所示。图 2.2 中每个手指的分工范围仅限于粗线所围部分，将指法作严格的分工，有利于键盘操作，也是实现盲打的基础。一般左手的灵活性不如右手，而十指中的小指和无名指的灵活程度也较差。在练习中要有意识地锻炼那些不太灵活的手指，切不可用其他手指越权代替。错误习惯一旦形成，克服其惯性往往要付出更大的代价。

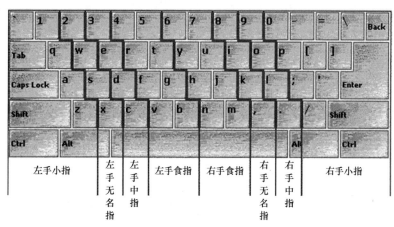

图 2.2　键盘指法分工

基本键和非基本键的操作方法区别如下。

① 以基本键 D 为例：抬起左手约离键 2cm；向下击键时中指向下弹击 D 键，其他手指同时稍向上弹开，击键要能听见响声。其他基本键操作与此类似。

② 以非基本键 E 为例：抬起左手约离键盘 2cm；整个左手稍向前移，同时用中指向下弹击 E 键，同一时间其他手指稍向上弹开，击键后四个手指迅速回位，注意右手不要动。其他非基本键操作与此类似。

按指法击键一开始会使人感到不习惯，因为大部分人在以往使用其他工具时，没有受到如此明确的手指分工训练。也正因为如此，我们才强调键盘练习时的循序渐进，要按照指法练习的步骤，一步步地进行。只有打好基础，才能提高录入速度。

（2）正确姿势

不正确的击键姿势容易造成疲劳，也会影响快速、准确的录入，因此必须从开始就学习正确的击键姿势。为了有助于操作，计算机键盘应放置在专用的桌子上，高度为60～65cm。座位高度约为45cm，最好是可以调节高度的转椅。

① 打字者平坐在椅子上，上身挺直，背部与椅子成直角，两腿平放在桌子下方。此时，眼睛高度应位于屏幕上端，否则，应调节显示器的高度。

② 两肩放松，两肘悬空，手自然弯曲，轻放于规定的键上。注意肌肉要放松，手臂不要张开，手腕不可拱起。

③ 原稿应放在键盘左侧，可将键盘稍稍右移。练习时两眼注视原稿，尽可能少查看键盘和屏幕，逐步向盲打过渡。

（3）击键要领

① 依照正确的击键姿势，将双手置于键盘上方，手指轻放在规定的字键上，手指的弯曲要自然适度。

② 手指第一节与键盘基本垂直，击键时与字键的接触部分是指端的圆肚部位，不可用指甲击键。

③ 输入时先将所需击键的手指稍稍抬起，再向下敲击。

④ 击键要迅速果断，要有弹性，不要在所击键上停留，击键后迅速将手指退回原处。

⑤ 击键要有节奏，频率要均匀。根据所用键盘的软硬程度，用适度的力击键，切不可用力敲打键盘。

⑥ 击键位置尽可能是键的中心部位，这一点从开始学习时就应注意，以免同时击到两个键。

3. 常用输入法

（1）输入法概述

中文输入法，又称为汉字输入法，是指为了将汉字输入计算机或手机等电子设备而采用的编码方法，是中文信息处理的重要技术。中文输入法从1980年开始发展至今经历了几个阶段：单字输入、词语输入、整句输入。汉字输入法按照编码方式可分为音码、形码、音形码、形音码、无理码等。下面分类介绍常见的汉字输入法。

① 拼音输入法

拼音输入法采用汉语拼音作为编码方法，包括全拼输入法和双拼输入法。流行的拼音输入法软件以智能ABC、微软拼音、搜狗拼音、智能狂拼、谷歌拼音、百度输入法、必应输入法等为代表。

② 形码输入法

形码输入法是依据汉字字形，如笔画或汉字部件进行编码的方法。其代表的输入法有五笔字型输入法、郑码输入法等。

③ 音形结合码

音形码输入法是以拼音加上汉字笔画或者偏旁为编码方式的输入法，包括音形码和形音码两类。其代表的输入法有二笔输入法、自然码等。

④ 内码输入法

内码输入法属于无理码，并非一般意义上的输入法。在中文信息处理中，要先确定字符集，并赋予每个字符一个编号或编码，称作内码。而一般的输入法，则是以人类可以理解并容易记忆的方式，为每个字符编码，称作外码。内码输入法是指直接通过指定字符的内码来输入。但因内码并非常人所能理解，也很难记忆，且不同的字符集就会有不同的内码，换言之，同一个字在不同字符集中会有不同的内码，使用者需重新记忆，因此，内码输入法并非一种实际可用的输入法。

（2）智能 ABC 输入法介绍

智能 ABC 输入法（也叫作标准输入法）是运行于 Windows 中的汉语拼音输入法软件。

① 全拼输入

如果用户的汉语拼音掌握较好，可以采用全拼输入。如输入："长"—chang，"城"—cheng，"长城"—changcheng。

② 简拼输入

如果用户的汉语拼音不大好，可以采用简拼输入（只输入字的声母）。如输入"长"—c 或 ch，输入"的"—d，输入"长城"—chch 或 cc。智能 ABC 的词库有大约 7 万个词条。常用的 5000 个两字词建议采用简拼输入，如"bd"—不但、"bt"—不同、"cb"—出版、"db"—代表、"eq"—而且、"fh"—发挥、"gj"—国家、"hl"—后来、"jk"—艰苦等。多音节词的同音词较少，建议采用简拼输入，如"jsj"—计算机、"bhqf"—百花齐放、"dszq"—东山再起等。

③ 混拼输入

如果用户的汉语拼音不大好，还可以采用混拼（词的某个字简拼、某个字全拼）。如输入"长城"—chcheng 或 ccheng（第一个字简拼，第二个字全拼）或 changc（第一个字全拼，第二个字简拼），输入"中国"—zhguo 或 zguo 或 zhongg。

④ 音形输入

如果用户的拼音不大好，还可以采用音形输入。采用音形输入需记忆"横 1、竖 2、撇 3、点 4、折 5、弯 6、叉 7、方 8"8 个笔形。如输入"长"—chang3，按空格键。

输入"c3"按空格键，可以得到汉语拼音 c 与汉字起笔是"撇"的组合。

输入"c31"按空格键，可以得到汉语拼音 c 与汉字起笔是"撇"和第二笔是"横"的字的组合。

输入"城"—cheng7 或 c71 或 ch71（全拼或简拼加上这个字的起笔和第二笔笔形）。

输入"长城"这个词，如果用全拼，输入需击键 8 次，如果用音形输入可输入"c3c"或"cc7""c3c7""cc71""c31c""ch3c""cheng3c""ccheng7"都可以得到"长城"这个词，最少只需击键 3 次。

可以看出，采用音形结合的方法，可以减少同音字或同音词的数量，还能减少击键次数，提高输入效率。

4. 利用键盘进行中英文录入练习

（1）基本练习

"金山打字通"是一款功能齐全、数据丰富、界面友好、集打字练习和测试于一体的打字软件，是打字练习的首选软件。它可以针对用户水平定制个性化的练习课程，以循序渐进的方式提供英文、拼音、五笔、数字符号等多种输入练习，并为收银员、会计、速录等职业提供专业训练。它还是一款免费软件。本书以"金山打字通 2016"为例进行讲解。

金山打字通的基本练习操作如下。

① 打开金山打字通软件，进入主界面，如图 2.3 所示。

② 选择"新手入门"，进入图 2.4 所示界面。"打字常识"系统地介绍了各种指法，读者要认真学习，并反复记忆。

图 2.3　金山打字通主界面

图 2.4　新手入门

③ "字母键位"是针对字母键的练习。

④ "数字键位"是针对数字键的练习。

⑤ "符号键位"是针对符号键的练习。

⑥ "键位纠错"用来纠正前面操作出现的错误。

打字是一种技术，只有通过大量的练习才能熟记各个键的位置，从而实现盲打。读者可以采用以下方法练习。

① 步进式练习。先练习 8 个基本键，再加上 E、I 键的练习，之后再增加 G、H 键的练习，最后依次加上 R、T、U、Y 键等进行练习。

② 重复式练习。练习中可选择一些英文词句或短文，反复练习多次，并记录自己完成的时间。

③ 强化式练习。对不太灵活的手指（如小指、无名指等）负责的键要进行针对性的练习。

④ 坚持训练盲打。在训练打字过程中，应先讲求准确地击键，不要贪图速度。一开始，键位记不准，可稍看键盘，但不可总是看键盘。经过一定时间的训练，应做到不看键盘也能准确击键。

（2）英文录入练习

进入"金山打字通"，选择"英文打字"，进入图 2.5 所示界面。

根据自己的情况，选择"单词练习""语句练习"及"文章练习"，在每种练习中，可以进行课程选择。

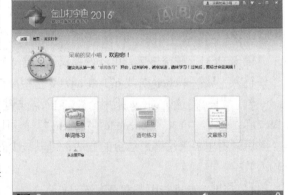

图 2.5　英文打字界面

① 单词练习

在单词练习中，由易到难提供了很多课程。运行软件后，选择"英文打字"，再选择"单词练习"，可以有针对性地选择课程。单击"课程选择"下拉按钮，弹出课程选择下拉列表，如图 2.6 所示。在课程列表中，用户可以选择自己需要强化的课程。

系统可以设置练习时间。练习界面的右下角有三个按钮，分别是 🔄 "从头开始"、⏸ "暂停"和 📖 "测试模式"。

② 语句练习

选择"英文打字"，再选择"语句练习"，可以有针对性地选择课程。单击"课程选择"下拉按钮，弹出课程选择下拉列表。在课程列表中，选择课程"最常用英语口语 1"，反复练习，看看有没有提高。

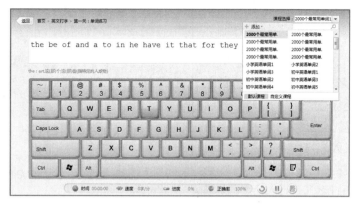

图 2.6　单词练习

③ 文章练习

选择"英文打字",然后选择"文章练习",可以有针对性地选择课程。单击"课程选择"下拉按钮,弹出课程选择下拉列表。在课程列表中,选择课程"Elias' story",反复练习,和同学比比,看谁打的快。

（3）中文录入练习

进入"金山打字通",选择"拼音打字",进入图 2.7 所示界面。

① 拼音输入法

拼音输入法介绍各输入法的使用,用户掌握之后进入下一关。

图 2.7　拼音打字界面

② 音节练习

运行"金山打字通"后,选择"拼音打字",再选择"音节练习",有针对性地选择课程。单击"课程选择"下拉按钮,弹出课程选择下拉列表,如图 2.8 所示。在课程列表中,选择课程"汉语一级 1",反复练习,看看有没有提高。

图 2.8　音节练习界面

③ 词组练习

选择"拼音打字",然后选择"词组练习",有针对性地选择课程。单击"课程选择"下拉按钮,弹出课程选择下拉列表,如图 2.9 所示。在课程列表中,选择课程"二字词 1",反复练习,和同学比比,看谁打得快。

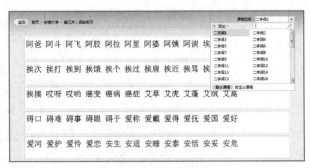

四、上机实验

（1）进入"金山打字通"，选择"新手入门"，再选择"打字常识"，学习录入的各种指法，认真学习，并反复记忆。

（2）练习基本键的操作，在系统中，选择"字母键位"，进行录入练习。

（3）练习数字键的操作。

图 2.9　词组练习界面

（4）进入"金山打字通"，选择"英文打字"，根据自己的练习情况，选择"单词练习""语句练习"或"文章练习"。

（5）进入"金山打字通"，选择"拼音打字"，根据自己的练习情况，选择"拼音输入法""音节练习""词组练习"或"文章练习"。

2.2　实验 2 计算机的硬件及软件配置

一、实验目的

（1）熟悉计算机的硬件。
（2）熟悉计算机的软件。
（3）掌握查看计算机的主要参数和性能指标的方法。

二、实验内容

（1）计算机硬件知识。
（2）计算机软件知识。
（3）查看计算机的主要参数和性能指标。

三、实验步骤

1. 计算机硬件知识

一台完整的计算机系统是由硬件系统和软件系统组成的，二者缺一不可。硬件是软件建立和依托的基础，软件依赖硬件来执行。单靠软件本身，没有硬件设备的支持，软件就失去了其发挥作用的舞台；反之，软件是计算机的"灵魂"，没有任何软件支持的计算机被称为"裸机"，而裸机无法实现任何信息处理的功能。

计算机硬件系统是组成计算机系统的各种物理设备的总称。微型计算机硬件的基本配置是主机、显示器、键盘、鼠标等，微型计算机从结构上可以分为主机和外部设备两大部分。微型计算机的主要功能集中在主机上，主机的外观虽然千差万别，但每台主机上都有电源开关、电源指示灯、硬盘指示灯、复位键等。主机主要包括机箱、主板、CPU、主存储器、外存储器、网络设备、接口部件、声卡等。下面对部分主要硬件进行介绍。

（1）主板

主板也叫母板，如图 2.10 所示，安装在机箱内，是计算机最基本也是最重要的部件之一，在整个计算机系统中扮演着举足轻重的角色。主板制造质量的高低，决定了硬件系统的稳定性。主板与 CPU 关系密切，每一次 CPU 的重大升级，必然导致主板的换代。主板是计算机硬件系统的核心，也是机箱内面积最大的一块印刷电路板。主板的主要功能是传输各种电子信号，部分芯片也负责初步处理一些外围数据。计算机主机中的各个部件都是通过主板来连接的，计算机在正常运行时对系统内存、存储设备和其他输入/输出设备的操控都必须通过主板来完成。计算机性能是否能够充分发挥，硬件功能是否足够，以及硬件兼容性等，都取决于主板的设计。主板的优劣在某种程度上决定了一台计算机的整体性能、使用年限及功能扩展能力。

图 2.10　主板

（2）CPU

中央处理器（Central Processing Unit，CPU）是电子计算机的主要设备之一，是计算机中的核心配件。其功能主要是解释计算机指令，以及处理计算机软件中的数据。CPU 是计算机中负责读取指令，对指令译码并执行指令的核心部件。中央处理器主要包括两个部分，即控制器、运算器，其中还包括高速缓冲存储器及实现它们之间联系的数据、控制的总线。电子计算机三大核心部件就是 CPU、内部存储器、输入/输出设备。

对于 CPU 而言，影响其性能的指标主要有主频、CPU 的位数、CPU 的缓存指令集、CPU 核心数等。所谓 CPU 的主频，指的就是时钟频率，它直接决定了 CPU 的性能，用户可以通过超频来提高 CPU 主频以获得更高性能。而 CPU 的位数指的是处理器能够一次性计算的浮点数的位数，通常情况下，CPU 的位数越高，CPU 的运算速度就会越快。目前个人计算机使用的 CPU 一般为 64 位，这是因为 64 位处理器可以处理范围更大的数据并原生支持更高的内存寻址容量，提高了人们的工作效率。而 CPU 的缓存指令集是存储在 CPU 内部的，主要指的是能够对 CPU 的运算进行指导及优化的程序。一般来讲，CPU 的缓存可以分为一级缓存、二级缓存和三级缓存，缓存性能直接影响 CPU 处理性能。部分特殊性能的 CPU 可能会配备四级缓存。CPU 核心数是指 CPU 的内核数量，常见的 CPU 有双核、四核、六核、八核、十二核等。通常 CPU 内核数量越多，其整体性能越强。

（3）主存储器

主存储器又称内存储器（内存），一般采用半导体存储单元，包括只读存储器（Read-Only Memory，ROM）、随机存储器（Random Access Memory，RAM）和高速缓冲存储器（Cache）。

① 只读存储器

在制造只读存储器的时候，信息（数据或程序）就被存入并永久保存。这些信息只能读出，一般不能写入，即使断电，这些数据也不会丢失。

ROM 一般用于存放计算机的基本程序和数据，如 BIOS（Basic Input Output System，基本输入输出系统）ROM，其物理外形一般是双列直插式的集成块。

现在流行的 ROM 是闪存（Flash Memory），它可以通过电学原理反复擦写。U 盘和固态硬盘也是利用闪存原理制作的。

② 随机存储器

随机存储器表示既可以从中读取数据，也可以写入数据。当 RAM 断电时，存于其中的数据就会丢失。

我们通常提到的"内存"就是将 RAM 集成块集中在一起的一小块电路板，它插在计算机中的内存插槽上，如图 2.11 所示。目前市场上常见的内存的容量有 1GB、2GB、4GB、8GB 等。

RAM 分为两种：DRAM（Dynamic RAM，动态随机存储器）和 SRAM（Static RAM，静态随机存储器）。

图 2.11　内存

DRAM 的存储单元是由电容和相关元件组成的，电容内存储电荷的多寡代表信号"0"和"1"。电容存在漏电现象、电荷不足会导致存储单元数据出错，所以 DRAM 需要周期性刷新，以保持电荷状态。DRAM 结构较简单且集成度高，通常用于制造内存中的存储芯片。

SRAM 的存储单元是由晶体管和相关元件组成的锁存器，每个存储单元具有锁存"0"和"1"信号的功能。它速度快且不需要刷新操作，但集成度差且功耗较大，通常用于制造容量小但效率高的 CPU 缓存。

③ 高速缓冲存储器

高速缓冲存储器位于 CPU 与内存之间，是一个读写速度比内存更快的存储器。它包括常见的一级缓存（L1 Cache）、二级缓存（L2 Cache）、三级缓存（L3 Cache）。当 CPU 向内存中写入或读出数据时，这个数据也被存储进 Cache 中。当 CPU 再次需要这些数据时，CPU 就从 Cache 中读取数据，而不是访问较慢的内存。当然，如需要的数据在 Cache 中没有，CPU 会再去读取内存中的数据。

（4）外存储器

外存储器是指除计算机内存及 CPU 缓存以外的储存器，此类储存器一般断电后仍然能保存数据。常见的外存储器有硬盘、U 盘、光盘等。

① 硬盘

硬盘主要有机械硬盘和固态硬盘两种类型。机械硬盘采用磁性碟片来存储数据，其特点是存储容量大但读写速度慢；固态硬盘采用闪存颗粒来存储数据，其特点是存储容量小但读写速度快。目前，主流机械硬盘的存储容量有 1TB、2TB、4TB、6TB 等，主流固态硬盘的存储容量有 240GB、480GB、720GB 等。

② U 盘

U 盘也被称为"闪盘"，有体积小、存储量大及携带方便等诸多优点。

③ 光盘

光盘指的是利用光学方式进行信息存储的圆盘。它应用了光存储技术，即使用激光在某种介质上写入信息，再利用激光读出信息。光盘可分为只读光盘、一次性写入光盘、可擦写光盘等。

2. 计算机软件知识

一台新组装的计算机，首先应该安装软件，才能使用。

软件是指在计算机上运行的各种程序，包括各种有关的资源。计算机软件分为两大类：系统软件和应用软件。系统软件是控制计算机运行，管理计算机各种资源，并为应用软件提供支持和服务的软件。应用软件是为解决各类实际问题而开发的程序系统，一般要在系统软件的支持下运行。下面介绍一些常见的计算机软件。

（1）操作系统

常见的操作系统软件有 Windows、UNIX、Linux、DOS 等。

（2）实用程序

实用程序可以完成一些与计算机系统资源及文件有关的任务，如杀毒软件、压缩软件、下载软件、音频软件、视频软件等。

（3）办公软件

办公软件包括字处理软件、电子表格软件、演示文稿软件等。常用的办公软件有 Microsoft Office、WPS Office 等。

（4）数据库管理系统

数据库管理系统是解决数据处理问题的软件，如财务管理系统、图书管理系统等。其中常用的软件有 Access、SQL Server、Oracle 等。

（5）图形图像制作软件

常见的图形图像制作的软件有 AutoCAD、CorelDRAW、Photoshop 等，主要用于建筑设计、机械设计等领域。

（6）多媒体制作软件

常见的多媒体制作软件有 Director、Authorware、3ds Max 等，主要用于多媒体教学、广告设计、影视制作、游戏设计等领域。

（7）网页与网站制作软件

常见的网页与网站制作软件有 FrontPage、DreamWeaver、Web Designer 等。

3. 查看计算机的主要参数和性能指标

使用计算机时，可以查看计算机安装的是什么操作系统，以及主要硬件设备和性能指标。

（1）首先启动操作系统，单击"开始"菜单，打开"控制面板"，弹出图 2.12 所示的窗口。

（2）单击"系统和安全"下的"系统"，打开图 2.13 所示的界面。

图 2.12　控制面板

图 2.13　系统查看界面

从这个界面中可了解系统软件、硬件的具体配置，如操作系统版本、内存大小、CPU 的型号等。

四、上机实验

（1）查看本地计算机的具体配置情况，并将其填入表 2.1 中。

表 2.1　计算机硬件的具体配置情况表

硬件	型号规格
CPU	
内存	
显示适配器	
磁盘驱动器	
键盘	
鼠标	

（2）查看本地计算机中安装了哪些常用软件，并填入表2.2中。

表 2.2　计算机中安装的常用软件列表

软件项目	软件功能	软件名称
操作系统	管理计算机的各种软硬件资源，并提供友好的用户界面	
杀毒软件	查、杀计算机中的病毒	
压缩/解压缩软件	对文件或文件夹进行压缩，以减小存储空间，并可以解压还原，以便进行编辑	
办公自动化软件	实现无纸化办公的工具	
视频/音频软件	制作、播放声音、动画等音频、视频的工具	

2.3　习题

一、选择题

1. CPU 是（　　）的英文缩写。
   A. 主机　　　　　　　B. 中央处理器　　　C. 计算机的品牌　　　D. 计算机的档次

2. 软件一般分为（　　）两大类。
   A. 高级软件、系统软件　　　　　　　　B. 汇编语言软件、系统软件
   C. 系统软件、应用软件　　　　　　　　D. 应用软件、高级语言软件

3. （　　）在内存中以 ASCII 存放。
   A. 以 exe 为扩展名的文件　　　　　　　B. 以 txt 为扩展名的文件
   C. 以 com 为扩展名的文件　　　　　　　D. 以 bmp 为扩展名的文件

4. CPU 不能直接访问的存储器是（　　）。
   A. ROM　　　　　　　B. RAM　　　　　　C. Cache　　　　　　D. 外存储器

5. CPU 进行运算和处理的最有效长度称为（　　）。
   A. 字节　　　　　　　B. 字长　　　　　　C. 位　　　　　　　D. 字

6. PC 在工作中突然电源中断，（　　）中的信息全部丢失。
   A. 硬盘　　　　　　　B. RAM　　　　　　C. ROM　　　　　　D. RAM 和 ROM

7. 一台计算机的基本配置包括（　　）。
   A. 主机、键盘和显示器　　　　　　　　B. 计算机与外部设置
   C. 硬件系统和软件系统　　　　　　　　D. 系统软件和应用软件

8. 一般情况下，外存储器中存储的信息，在断电后（　　）。
   A. 局部丢失　　　　　B. 大部丢失　　　　C. 全部丢失　　　　D. 不会丢失

9. 下列存储器中，存取速度最快的是（　　）。
   A. 磁带　　　　　　　B. U 盘　　　　　　C. 硬盘　　　　　　D. 内存储器

10. 在关于计算机系统硬件的说法中，不正确的是（　　）。
    A. CPU 主要由运算器、控制器和寄存器组成
    B. 当关闭计算机电源后，RAM 中的程序和数据就消失了
    C. U 盘和硬盘上的数据均可由 CPU 直接存取
    D. U 盘既可以作为输入设备，也可以作输出设备

11. 计算机中运算器的主要功能是（　　）。

A. 算术运算　　　　　B. 逻辑运算　　　　　C. 算术和逻辑运算　　　D. 初等函数运算

12. 在计算机中，最基本的输入输出模块 BIOS 存放在（　　）中。

A. RAM　　　　　　　B. ROM　　　　　　　C. 硬盘　　　　　　　D. 寄存器

13. 计算机的外设中，属于输入设备的有（　　）。

A. 显示器　　　　　　B. 打印机　　　　　　C. 扬声器　　　　　　D. 扫描仪

14. 计算机键盘上的 Shift 键是（　　）。

A. 输入键　　　　　　B. 回车换行键　　　　C. 退出键　　　　　　D. 上挡键

15. 总线是连接计算机各部件的一组公共信号线，它由（　　）组成。

A. 地址总线和数据总线　　　　　　　　　　B. 地址总线和控制总线

C. 数据总线和控制总线　　　　　　　　　　D. 地址总线、数据总线和控制总线

16. 描述存储容量常用 KB 表示，如 4KB 表示存储单元有（　　）。

A. 4000 个字　　　B. 4000 个字节　　　C. 4096 个字　　　D. 4096 个字节

17. 数字小键盘区既可用作数字键也可用作编辑键。通过按（　　）键可进行转换。

A. Shift　　　　　　B. NumLock　　　　　C. CapsLock　　　　D. Insert

18. 使用中小规模集成电路的计算机属于（　　）

A. 第一代计算机　　B. 第二代计算机　　C. 第三代计算机　　D. 第四代计算机

19. 第一台通用电子计算机所使用的元件是（　　）

A. 继电器　　　　　　B. 晶体管　　　　　　C. 电子管　　　　　　D. 集成电路

20. MIPS 常用来描述计算机的运算速度，其含义是（　　）。

A. 每秒处理百万个字符　　　　　　　　　　B. 每分钟处理百万个字符

C. 每秒执行百万条指令　　　　　　　　　　D. 每分钟执行百万条指令

21. 计算机存储数据的最小单位是二进制的（　　）。

A. 位（比特）　　　B. 字节　　　　　　　C. 字长　　　　　　　D. 千字节

22. 一个字节包括（　　）个二进制位。

A. 8　　　　　　　　B. 16　　　　　　　　C. 32　　　　　　　　D. 64

23. 1MB 等于（　　）字节。

A. 100000　　　　　B. 1024000　　　　　C. 1000000　　　　　D. 1048576

24. 内存地址最重要的特点是（　　）。

A. 随机性　　　　　　B. 唯一性　　　　　　C. 顺序性　　　　　　D. 连续性

25. 磁盘属于（　　）。

A. 输入设备　　　　　B. 输出设备　　　　　C. 内存储器　　　　　D. 外存储器

26. 下列属于系统软件的是（　　）。

A. WPS　　　　　　　B. Word　　　　　　　C. DOS　　　　　　　D. Excel

27. 具有多媒体功能系统的微机常用 CD-ROM 作为外存储设备，它是（　　）。

A. 只读存储器　　　B. 只读光盘　　　　　C. 只读硬磁盘　　　　D. 只读大容量 U 盘

28. 在下列计算机应用项目中，属于数值计算应用领域的是（　　）。

A. 气象预报　　　　B. 文字编辑系统　　　C. 运输行李调度　　　D. 专家系统

29. 计算机能直接执行的指令包括两个部分，它们是（　　）。

A. 源操作数和目标操作数　　　　　　　B. 操作码和操作数

  C. ASCII 和汉字代码   D. 数字和文字

30. 计算机采用二进制最主要的理由是（   ）。

  A. 存储信息量大   B. 符合习惯

  C. 结构简单，运算方便   D. 数据输入、输出方便

31. 根据计算机的（   ），计算机的发展可划分为四代。

  A. 体积   B. 应用范围   C. 运算速度   D. 主要元器件

32. 从软件分类来看，Windows 属于（   ）。

  A. 应用软件   B. 系统软件   C. 支撑软件   D. 数据处理软件

33. 编译程序的作用是（   ）。

  A. 将高级语言源程序翻译成目标程序   B. 将汇编语言源程序翻译成目标程序

  C. 对源程序边扫描边翻译执行   D. 对目标程序装配连接

34. CB 是（   ）的简称。

  A. 计算机地址总线 B. 计算机数据总线 C. 计算机控制总线   D. 计算机存储总线

35. 在计算机系统中，任何外部设备都必须通过（   ）才能和主机相连。

  A. 存储器   B. 接口适配器   C. 电缆   D. CPU

36. 一台计算机的字长是 4 个字节，这意味着它（   ）。

  A. 能处理的字符串最多由 4 个英文字母组成

  B. 能处理的数值最大为 4 位十进制数 9999

  C. 在 CPU 中作为一个整体加以传送处理的二进制数码为 32 位

  D. 在 CPU 中运算的结果最大为 2 的 32 次方

37. 计算机能够直接执行的程序是（   ）。

  A. 机器语言程序   B. 源程序   C. 可执行文件   D. 命令文件

二、填空题

1. 两位二进制数可表示（   ）种状态。

2. 在 CPU 中，用来暂时存放数据、指令等各种信息的部件是（   ）。

3. CPU 中，执行一条指令所需的时间称为（   ）周期。

4. 微处理器能直接识别并执行的命令称为（   ）。

5. 将汇编语言源程序转换成等价的目标程序的过程称为（   ）。

6. 键盘上能用于切换"插入"与"改写"两种状态的键是（   ）。

7. 1MB=（   ）KB。

8. 微型计算机能识别并能直接执行的语言是（   ）语言。

9. 计算机指令由（   ）和地址码组成。

10. 在微型计算机中常用的西文字符编码是（   ）码。

03 第3章 操作系统基础

3.1 实验 1 Windows 7 的基本操作

一、实验目的

（1）掌握 Windows 7 的启动与关闭方法。

（2）熟悉 Windows 7 的桌面组成和基本操作方法。

（3）掌握 Windows 7 的窗口和对话框的组成及基本操作方法。

（4）掌握 Windows 7 的桌面及任务栏的个性化设置方法。

（5）掌握 Windows 7 的"开始"菜单的组织方法。

（6）掌握 Windows 7 的快捷方式的创建方法。

二、实验内容

（1）Windows 7 的启动与关闭。

（2）设置桌面主题为"风景"，设置窗口颜色为"深红色"，设置桌面背景为"风景"的幻灯片放映方式，设置屏幕保护程序为三维文字，屏保等待时间为 5 分钟。

（3）更改屏幕分辨率为"1280×720"像素，并设置窗口显示字体为"中等-125%"。

（4）设置桌面图标并按名称排列。

（5）自动隐藏任务栏，并锁定"桌面小工具库"到程序列表项中。

（6）在桌面上创建一个指向画图程序（mspaint.exe）的快捷方式。

三、实验步骤

1. Windows 7 的启动与关闭

Windows 7 是微软公司的 Windows 操作系统之一，具有强大的软硬件管理能力。开机和关机则是最常用且十分简单的操作。

（1）Windows 7 的启动

① 首先打开显示器，然后打开主机电源开关，注意观察计算机启动过程和屏幕上的提示信息。

② 计算机进入自检程序，发出"嘀"的一声短鸣，表示自检通过，计算机硬件系统正常。

③ 如果设置了开机密码，在进入用户登录界面时，需要在"密码"文本框中输入正确的密码，然后单击"确认"按钮或按 Enter 键。

④ Windows 7 系统进入自启动过程，启动完成后，即可看到 Windows 7 桌面。

（2）Windows 7 的关闭

① 保存各个窗口中需要保存的数据。

② 关闭所有打开的窗口。

③ 单击任务栏上的"开始"按钮 ，在弹出的"开始"菜单中单击"关机"按钮。

如果需要重新启动计算机或进行注销等操作，可将鼠标指针移到"关机"按钮右侧的三角形按钮上，此时会弹出"关机"的级联菜单，如图 3.1 所示，选择相应的选项即可。

2. 桌面主题的设置

（1）在桌面单击鼠标右键，选择"个性化"。在弹出的对话框中选择桌面主题为 Aero 风格的"风景"，观察桌面主题的变化。然后保存该主题为"妍的主题"，如图 3.2 所示。

图 3.1 "关机"的级联菜单　　　　　　　　图 3.2 个性化设置窗口

（2）设置窗口颜色。单击图 3.2 下方的"窗口颜色"，打开"窗口颜色和外观"窗口，如图 3.3 所示，选择一种窗口的颜色，这里选择"深红色"，桌面窗口边框颜色从原来的暗灰色变为了深红色，最后单击"保存修改"按钮。

（3）设置桌面背景，单击图 3.2 中的"桌面背景"，设置桌面背景图为"风景"，设置为幻灯片放映，时间间隔为 5 分钟，无序放映。

（4）设置屏幕保护程序。设置屏幕保护程序为三维文字，屏幕保护等待时间为 5 分钟。

① 单击图 3.2 中的"屏幕保护程序"，出现"屏幕保护程序设置"窗口，如图 3.4 所示，在"屏幕保护程序"下拉列表框中选择"三维文字"，在"等待"下拉列表框中选择"5 分钟"。

图 3.3 "窗口颜色和外观"窗口　　　　　　图 3.4 "屏幕保护程序设置"窗口

② 单击"设置"按钮，在图 3.5 所示对话框的"自定义文字"框中输入文字，然后单击"选择字体"按钮，选择需要的字体。

③ 如果要为屏幕保护程序设置密码，可在图 3.4 所示窗口中的"在恢复时显示登录屏幕"复选框中打"√"，并设置密码。

3. 更改屏幕分辨率及窗口外观显示字体

（1）更改屏幕分辨率

在桌面空白处单击鼠标右键，在弹出的快捷菜单中选择"屏幕分辨率"，在图 3.6 所示窗口中，展开"分辨率"栏中的下拉列表，设置屏幕分辨率为"1280×720"，然后单击"确定"或"应用"按钮即可。

图 3.5　三维文字设置

图 3.6　设置屏幕分辨率

（2）设置窗口显示字体

在桌面单击鼠标右键，选择"个性化"→"显示"，在图 3.7 所示窗口中，选择"中等-125%"，然后单击"应用"按钮即可。该设置生效后，在桌面空白处单击鼠标右键，会发现弹出的快捷菜单字体和颜色都发生了改变；打开资源管理器或 Word 文档等，也会发现菜单字体和颜色都发生了改变。

4. 设置桌面图标并按名称排列

在"个性化"设置窗口中选择"更改桌面图标"，出现图 3.8 所示对话框，勾选希望在桌面显示的项目，然后单击"确定"或"应用"按钮即可。

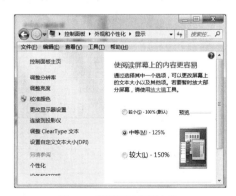

图 3.7　设置窗口显示字体

图 3.8　桌面图标设置

用鼠标右键单击桌面空白处，选择"排序方式"命令，在其级联菜单中选择"名称""大小""项目类型"或"修改日期"进行图标的排列，如图 3.9 所示，观察不同选项的排列结果。

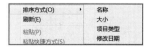

图 3.9　图标排序

5. 任务栏的设置

（1）在任务栏空白处单击鼠标右键，在快捷菜单中选择"属性"，出现图 3.10 所示窗口。在"任务栏"选项卡中勾选"自动隐藏任务栏"复选框，然后单击"应用"或"确定"按钮，当鼠标指针离开任务栏时，任务栏会自动隐藏。

（2）在任务栏设置窗口中，设置"屏幕上的任务栏位置"为"顶部"，可将任务栏移动至桌面顶部。

（3）改变任务栏按钮显示方式。默认情况下，任务栏按钮为"始终合并、隐藏标签"状态。改变任务栏按钮显示方式为"从不合并"，观察其变化。

（4）在任务栏的任意空白处单击鼠标右键，勾选快捷菜单的"工具栏"中的"地址"项，地址栏即出现在任务栏中。

（5）当计算机外接了移动设备，如 U 盘，默认情况下，U 盘的图标处于隐藏状态。单击图 3.11 中的"自定义"按钮，在弹出的"选择在任务栏上出现的图标和通知"对话框中勾选"始终在任务栏上显示所有图标和通知"复选框，U 盘图标就会显示在通知区域。

图 3.10　任务栏属性设置

图 3.11　通知区域显示设置

（6）运行 Word 程序，任务栏上会显示一个 Word 图标，关闭文档后任务栏上的图标将消失。用鼠标右键单击任务栏上的 Word 图标，在快捷菜单中选择"将此程序锁定到任务栏"即可将 Word 程序锁定到任务栏，当关闭 Word 程序后，任务栏上仍然显示 Word 图标，单击该图标就可以打开 Word 程序。

6. 对 Windows 7 窗口进行操作

双击桌面上"计算机"图标，打开"计算机"窗口，进行如下操作。

（1）窗口的打开、最小化、最大化、还原及关闭操作。

① 窗口的打开。双击桌面上的"计算机"图标，或者单击"开始"按钮，选择"计算机"命令，打开"计算机"窗口。其中，菜单栏在 Windows 7 的窗口中默认不显示，单击"组织"中的"布局"，勾选"菜单栏"，即可显示菜单栏。

② 窗口的最小化。在"计算机"窗口中，单击窗口标题栏右上角的控制按钮中的"最小化"按钮，窗口将最小化为一个图标显示在任务栏中。

③ 窗口的最大化。单击窗口标题栏右上角的控制按钮中的"最大化"按钮，窗口将最大化占据整个屏幕。

④ 窗口的还原。单击最大化窗口标题栏右上角的控制按钮中的"还原"按钮，窗口会恢复为原来的大小。

⑤ 窗口的关闭。单击窗口控制按钮中的"关闭"按钮█x█，则窗口关闭。

（2）窗口的移动和窗口大小的调整。

① 将鼠标指针指向窗口上面的标题栏，按住左键并移动鼠标，窗口将随之移动位置。

② 将鼠标指针指向非最大化窗口的 4 个边或 4 个角时，鼠标指针会变成双向箭头形状，按住左键并移动鼠标能调整窗口的大小。

（3）窗口的切换。

依次打开"计算机"和"回收站"窗口，在任务栏中单击任务图标切换窗口；或单击某一窗口可见的任意位置切换窗口；也可利用 Alt+Tab 组合键切换窗口。

（4）窗口的排列。

用鼠标右键单击任务栏的空白处，在弹出的快捷菜单中，用户可依次选择"层叠窗口"→"堆叠显示窗口"→"并排显示窗口"命令，观察屏幕上窗口的不同摆放样式。例如，选择"堆叠显示窗口"命令后，"计算机"和"回收站"窗口将在屏幕上横向平铺，可以同时看到所有窗口中的内容。用户可以很方便地在两个窗口之间进行复制和移动文件的操作。选择"显示桌面"命令或者单击任务栏最右边的"显示桌面"按钮，所有的窗口都会最小化。

（5）单击"组织"按钮旁的向下箭头，选择"布局"，勾选"菜单栏""细节窗格""导航窗格""预览窗格"，如图 3.12 所示，观察窗口格局的变化。

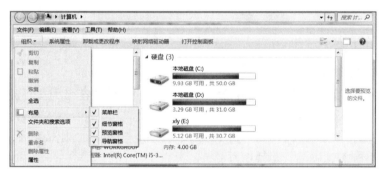

图 3.12　对 Windows 7 窗口进行操作

7. "开始"菜单的使用

打开"开始"菜单的"所有程序"列表，找到"桌面小工具库"，单击运行。再打开"开始"菜单，"桌面小工具库"便出现在程序列表中。

在程序列表中选择"桌面小工具库"，单击鼠标右键，在快捷菜单中选择"附到「开始」菜单"，即可将"桌面小工具库"程序锁定到上端固定程序列表项中。

在锁定的"桌面小工具库"程序的快捷菜单中选择"从「开始」菜单解锁"，即可解锁该程序，返回程序列表下端显示。

8. 创建桌面快捷方式

在桌面上创建一个指向画图程序（mspaint.exe）的快捷方式。

（1）方法一：用鼠标右键单击桌面空白处，在桌面快捷菜单中选择"新建"中的"快捷方式"命令，打开"创建快捷方式"对话框，如图 3.13 所示，在"请键入对象的位置"框中，输入 mspaint.exe 文件的路径"C:\Windows\system32\mspaint.exe"（或通过"浏览"选择），单击"下一步"按钮，在"键入该快捷方式的名称"框中，输入"画图"，再单击"完成"按钮即可，如图 3.14 所示。

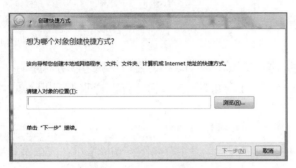

图 3.13　输入项目的位置

图 3.14　命名

（2）方法二：在"开始"菜单中找到"画图"，按住鼠标右键拖曳该文件至桌面，释放鼠标右键，在弹出的快捷菜单中选择"在当前位置创建快捷方式"命令；用鼠标右键单击所建快捷方式图标，选择"重命名"命令，将快捷方式名称改为"画图"，即完成在桌面上创建画图程序快捷方式。

四、上机实验

（1）"任务栏"的设置

① 设置任务栏可以被打开的程序或窗口挡住。

② 自动隐藏任务栏。

③ 取消时钟的显示。

（2）"开始"菜单的设置

① 删除"开始"菜单中的"QQ游戏"或其他不常用的菜单。

② 整理"程序"菜单：把所有的播放音频、视频的软件放在名为"播放器"的菜单的下一级。

（3）桌面图标的排列：试按名称、类型、大小、日期及自动排列，比较排列之后的不同。

（4）在桌面上创建 Word 程序的快捷方式。

（5）用"画图"程序画一幅画或用网上下载的图片作为桌面的背景。

（6）设置不使用计算机 5 分钟后的屏幕保护程序。

（7）调整 Windows 的分辨率为"1024×768"像素，然后调为"800×600"像素。

（8）找一种你熟悉的中文输入法，将它的"词语联想"等功能全部选中，并利用这种输入法输入"Windows 桌面是 Windows 的一个重要组成部分，对 Windows 的所有操作都要从这里开始。"以熟悉中英文输入法之间的切换。再将该输入法的"词语联想"功能全部取消，并重新输入上述文字，对比两次输入之间的区别。

（9）在"输入法"中添加"郑码输入法"，再将其删除。

3.2　实验 2 Windows 7 的文件管理

一、实验目的

（1）掌握 Windows 7 的资源管理器的使用方法。

（2）掌握文件及文件夹的概念。

（3）掌握文件及文件夹的使用方法，包括创建、移动、复制、删除等。

（4）掌握文件夹属性的设置及查看方式。

二、实验内容

（1）启动 Windows 7 资源管理器，浏览计算机资源。

（2）在 D 盘上创建一个名为 KS 的文件夹，进行文件的复制、剪切、移动、删除与恢复，并设置文件和文件夹的隐藏属性。

（3）设置文件、文件夹的显示方式及排列方式。

（4）搜索 D 盘所有的"mm*.jpg"文件，并进行文件设置，显示所有隐藏文件。

三、实验步骤

1. 启动 Windows 7 资源管理器

（1）单击"开始"按钮，选择"所有程序"→"附件"→"Windows 资源管理器"命令。或用鼠标右键单击"开始"按钮，选择"打开 Windows 资源管理器"命令。

（2）在资源管理器左侧的导航窗格中，单击"计算机"左侧的展开符号，展开各驱动器；然后单击"本地磁盘(C:)"左侧的展开符号，展开 C 盘中的所有文件夹，找到"Windows"文件夹图标后，单击该图标，在右侧窗格即会显示出此文件夹中的所有内容，如图 3.15 所示。

图 3.15 资源管理器

（3）单击窗口右上角的"更改您的视图"按钮右侧的下拉三角按钮，在下拉菜单中选择"详细信息"命令；或者用鼠标右键单击右侧窗格的空白处，选择"查看"中的"详细信息"命令。此时，窗口中的图标将以"详细信息"的方式显示。

2. 文件和文件夹的使用

（1）在 D 盘上创建一个名为 KS 的文件夹，再在 KS 文件夹下创建两个并列的二级文件夹，其名为 KS1 和 KS2。

在资源管理器窗口的导航窗格中选定 D:\为当前文件夹，在右侧窗格选择菜单命令中的"文件"→"新建"→"文件夹"命令，右侧窗格出现一个新建文件夹，名称为"新建文件夹"。将"新建文件夹"改名为"KS"即可。

双击 KS 文件夹，进入该文件夹，用上述同样方法创建文件夹"KS1"和"KS2"。

（2）在 D 盘中任选 3 个不连续的文件，将它们复制到 KS 文件夹中。

方法一：

① 在 D 盘选中 3 个不连续的文件：按住 Ctrl 键，单击需要的文件（或文件夹），即可同时选中 3 个不连续的文件（或文件夹）。

② 复制文件：选择"编辑"中的"复制"命令，或者单击鼠标右键，在快捷菜单中选"复制"，或者按 Ctrl+C 组合键。

③ 粘贴文件：单击 KS 文件夹，进入 KS 文件夹，选择"编辑"中的"粘贴"命令，或者单击鼠标右键，在快捷菜单中选择"粘贴"命令，或者按 Ctrl+V 组合键，即可将复制的文件粘贴到当前文件夹中。

方法二：选中 3 个不连续文件，按住 Ctrl 键，拖曳选中的文件到左侧窗格目标文件夹 KS。特别要注意的是，由于源文件和目标文件在同一磁盘，如果不按住 Ctrl 键拖曳文件，将是移动文件而不是复制文件。

（3）文件及文件夹的删除。

① 新建文件并删除文件至"回收站"。

打开 KS 文件夹，在任意空白处单击鼠标右键，在弹出的快捷菜单中选择"新建"→"文本文档"命令，出现一个新文件，名为"新建文本文档"，而且文件名处于编辑状态，输入新文件名"LX1"，按 Enter 键确认即可（文件的全名为"LX1.txt"）。单击选中文件 LX1.txt，在文件名处再单击，文件名进入编辑状态，此时可修改文件名。

按 Delete 键或选择"文件"→"删除"命令，或在右键快捷菜单中选择"删除"命令，显示确认删除信息框，单击"是"按钮，确认删除文件。

② 删除文件夹"D:\KS\KS2"方法同上。

（4）从"回收站"恢复被删除文件夹及文件。

① 双击桌面上的"回收站"图标打开回收站，选中文件夹"D:\KS\KS2"。

② 选择菜单命令"文件"→"还原"，或在鼠标右键菜单中选择"还原"命令，即可恢复被删除的文件夹；同理，可恢复被删除的文件 LX1.txt。

（5）永久删除一个文件夹或文件。选中待删除的文件（夹），按 Shift+Delete 组合键，在确认删除框中单击"是"按钮，即可彻底删除该文件（夹）。

（6）设置文件夹属性。选定 KS 文件夹，在鼠标右键菜单中选择"属性"命令，出现"KS 属性"对话框，在"常规"选项卡中，可以看到类型、位置、大小、占用空间、包含的文件夹及文件数等信息，如图 3.16 所示。选中"只读"项，KS 文件夹成为只读文件夹；选中"隐藏"项，KS 文件夹成为隐藏文件夹。

3. 设置文件和文件夹的显示方式及排列方式

（1）改变文件和文件夹的显示方式。在资源管理器中打开"查看"下拉列表，如图 3.17 所示，或在资源管理器右侧窗格的空白处单击鼠标右键，选择"查看"菜单，分别选择"大图标""中等图标""小图标""列表""详细信息""平铺""内容"等菜单项，可以改变文件和文件夹的显示方式。

图 3.16 "KS 属性"对话框

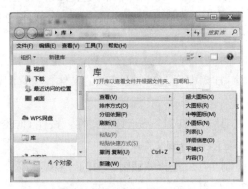

图 3.17 文件的显示方式

（2）改变文件和文件夹的图标排列方式。选择菜单项"查看"→"排序方式"，或单击鼠标右键，在快捷菜单中选择"排序方式"，出现图 3.18 所示列表，选择"名称""大小"或"类型"等，图标的排列顺序会随之改变。

4．文件夹和搜索选项

（1）在资源管理器窗口中打开"组织"下拉列表，选择"文件夹和搜索选项"，在出现的对话框中，选择"搜索"选项卡，在"搜索内容"部分选择"始终搜索文件名和内容"，在"搜索方式"部分勾选"在搜索文件夹时在搜索结果中包括子文件夹"和"查找部分匹配"，如图 3.19 所示，可以根据文件名或文件内容进行文件搜索。

图 3.18　图标排列方式　　　　　　　　图 3.19　"搜索"选项卡设置

（2）搜索 D 盘及其子文件夹下所有文件名以 mm 开头的图片文件（扩展名为.jpg）。打开资源管理器，在左窗格选择 D 盘，在窗口右上角的搜索栏中输入"mm*.jpg"，搜索结果显示在右侧窗口。

5．文件夹选项的应用

如果要显示隐藏的文件，或者显示文件扩展名，都需要借助文件夹选项。

（1）打开资源管理器或任意文件夹，单击菜单栏"工具"中的"文件夹选项"。若没有菜单栏，则选择"组织"中的"布局"，勾选"菜单栏"即可；或在"组织"中直接单击"文件夹和搜索选项"同样可以打开文件夹选项。

（2）在"常规"选项卡中，可以选择在同一窗口或不同窗口中打开文件夹，以及打开项目是通过单击或双击，如图 3.20 所示。

（3）单击"查看"选项卡，在这里可以选择显示隐藏的文件、文件夹等，如图 3.21 所示。取消勾选"隐藏已知文件类型的扩展名"复选框，再单击"确定"按钮，就可以看到每个文件隐藏的扩展名。

图 3.20　"常规"选项卡　　　　　　　　图 3.21　"查看"选项卡

四、上机实验

（1）文件夹应用，进行以下操作。

① 在 D 盘根目录下创建一个名为"TEXT"的文件夹。

② 将 C 盘 Windows 文件夹中的所有以字母 B 开头的文件及文件夹复制到"TEXT"文件夹中（提示：进行此操作之前要先按"名称"排列图标）。

③ 将"TEXT"文件夹改名为"TEST"。

④ 删除"TEST"文件夹，并将回收站中的所有内容删除。

（2）按要求进行以下操作。

① 将 D 盘根目录下的文件按"详细信息"的查看方式排列文件。

② 改变桌面窗口的背景图案。

③ 查看 C 盘的总空间、可用空间。

（3）用"开始"菜单、鼠标右键单击"开始"按钮、鼠标右键单击"计算机"图标三种方式启动"资源管理器"，比较这三种方式进入"资源管理器"后所在位置有何不同。

（4）按要求进行以下操作。

① 在本机中查找 notepad.exe，在桌面上创建快捷方式，并命名为"记事本"。

② 在本机中查找 wordpad.exe，在 D 盘中创建快捷方式，并命名为"写字板"。

③ 把上面创建的"记事本"快捷方式与"写字板"快捷方式互换位置（即移动操作）。

（5）将回收站在每个硬盘上占用的空间百分比设为 12%。

3.3 实验 3 Windows 7 的其他操作

一、实验目的

（1）掌握 Windows 7 控制面板的启动方法，学会查看系统基本信息。

（2）掌握系统日期和时间的设置方法。

（3）掌握安装和卸载程序的方法。

二、实验内容

（1）启动控制面板，观察窗口中的图标并认识其功能。

（2）了解计算机处理器、内存容量等基本信息，设置日期和时间并查看字体设置，卸载程序，进行磁盘清理和碎片整理，设置防火墙保护计算机。

（3）创建一个标准用户"xly"，并设置密码。

（4）清理 C 盘并对其进行磁盘碎片整理。

（5）制作一个红色星形图，并保存到 D 盘。

三、实验步骤

1. 控制面板的启动

我们可以用多种方法启动"控制面板"，下面介绍三种方法。

（1）方法一：使用命令调出。此种方式调出控制面板只需通过 Win+R 组合键调出运行窗口，输入 control，如图 3.22 所示。

（2）方法二：在桌面单击鼠标右键，选择"个性化"命令，然后单击"控制面板"主页链接。

（3）方法三：打开"计算机"窗口，单击工具栏上的"打开控制面板"按钮。

打开"控制面板"窗口，如图 3.23 所示，单击右上角的"查看方式"下拉列表，分别以"类别""大图标""小图标"方式显示窗口中的图标，观察窗口中的图标有何不同，并认识其功能，以便调整计算机的设置。

图 3.22　调出控制面板

图 3.23　控制面板

2. 查看系统属性

用鼠标右键单击"计算机"，在弹出的快捷菜单中选择"属性"命令，打开"属性"窗口，如图 3.24 所示，在右侧窗格查看处理器、内存容量等计算机的基本信息。

3. 设置日期和时间

（1）更改日期和时间。单击任务栏通知区域中的"时钟"图标，然后单击"更改日期和时间设置"链接，弹出"日期和时间"对话框，单击"更改日期和时间"按钮，在"日期和时间设置"对话框中将系统日期改为 2021 年 3 月 1 日，时间改为 8:00:00，单击"确定"按钮，如图 3.25 所示。

图 3.24　查看系统属性

图 3.25　"日期和时间设置"对话框

（2）在上一步操作弹出的"日期和时间"对话框中选择"Internet 时间"选项卡，单击"更改设置"按钮，弹出"Internet 时间设置"对话框，选中"与 Internet 时间服务器同步"复选框，在"服务器"下拉列表中选择一个服务器，如图 3.26 所示，单击"立即更新"按钮。

4. 创建一个新用户

新用户的身份为标准用户，名称为自己的姓名拼音，并为新用户设置密码。

（1）选择"控制面板"中的"用户账户和家庭安全"，选择"添加和删除用户账户"。

（2）打开"管理账户"窗口，单击"创建一个新账户"链接。

（3）打开"创建新账户"窗口，输入新账户名"xly"，然后选中"标准用户"单选按钮，单击"创建账户"按钮，如图 3.27 所示。

图 3.26　Internet 时间设置

图 3.27　"创建新账户"窗口

（4）在"管理账户"窗口中单击新建的"xly"账户图标，打开"更改账户"窗口，分别单击窗口左侧的链接设置或更改账户信息，选择"创建密码"，打开设置密码窗口，如图 3.28 所示，按提示进行密码设置。

5．字体设置

我们可以为 Windows 的显示和打印增加新字体或删除不需要的字体。打开控制面板，选择"查看"方式下的类别，选择"小图标"，然后在"控制面板"窗口中双击"字体"图标，启动已安装的字体窗口，如图 3.29 所示。

图 3.28　设置密码窗口

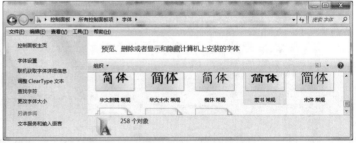

图 3.29　已安装的字体窗口

① 查看本机字体：双击窗口中任意一种字体的图标即可出现这种字体的"字样名、文件大小、版本及字样示例"等信息。

② 增加新字体：选择"文件"菜单中的"安装新字体"，单击包含待添加字体的驱动器和文件夹，然后双击待添加字体图标。要添加多种字体，可按住 Ctrl 键，同时单击想添加的字体。

③ 删除不需要的字体：选择待删字体的图标，选择"文件"菜单中的"删除"即可删除字体。

6．卸载程序

（1）打开控制面板，选择"程序"中的"程序和功能"，打开"程序和功能"窗口。

（2）在名称列表中用鼠标右键单击"软件管家-2345"，如图 3.30 所示，选择"卸载/更改"，系统会弹出对话框，询问是否真的删除，选择"是"，即可完成卸载。

7. 系统工具的使用

计算机使用时间长了以后，就会产生一些垃圾碎片在计算机之中，导致计算机反应速度变得很慢。因此可以定期使用"磁盘清理"删除临时文件，释放硬盘空间；使用"磁盘碎片整理程序"整理文件存储位置，合并可用空间，提高系统性能。

图 3.30 卸载程序

（1）磁盘清理

① 单击"开始"→"所有程序"→"附件"→"系统工具"→"磁盘清理"命令，打开"磁盘清理：驱动器选择"对话框，如图 3.31 所示。

② 选择要进行清理的驱动器，在此使用默认选择的"（C:）"，单击"确定"按钮，会显示一个带进度条的计算 C 盘上可释放多少空间的对话框，如图 3.32 所示。

图 3.31 磁盘清理

图 3.32 计算空间

③ 计算完毕则会弹出"（C:）的磁盘清理"对话框，如图 3.33 所示，其中显示建议删除的文件及其所占磁盘空间的大小。

在"其他选项"选项卡中，可以选择"程序和功能"和"系统还原和卷影复制"进行清理，如图 3.34 所示，前者主要是卸载和修改程序。对"系统还原和卷影复制"进行清理时，单击"清理"按钮后，会弹出提示，单击"删除"按钮，再单击"确定"按钮，等待磁盘的清理。

图 3.33 "（C:）的磁盘清理"对话框

图 3.34 "其他选项"选项卡

④ 在"要删除的文件"列表框中选中要删除的文件，单击"确定"按钮，在之后弹出的"磁盘清理"确认删除对话框中单击"删除文件"按钮，弹出"磁盘清理"对话框，清理完毕，该对话框自动消失。

⑤ 依次对各磁盘进行清理，注意观察并记录清理磁盘时获得的空间总数。

（2）磁盘碎片整理

进行磁盘碎片整理之前，应先把所有打开的应用程序都关闭，因为一些程序在运行的过程中可能要反复读取磁盘数据，会影响磁盘整理程序的正常工作。

① 单击"开始"→"所有程序"→"附件"→"系统工具"→"磁盘碎片整理程序"命令，打开"磁盘碎片整理程序"对话框，如图 3.35 所示。

② 选择一个磁盘驱动器 C:后单击"分析磁盘"按钮，进行磁盘分析。

③ 分析完成后，可以根据分析结果选择是否进行磁盘碎片整理。如果在"上一次运行时间"列中显示检查磁盘碎片的百分比超过了 10%，则应该进行磁盘碎片整理，只需单击"磁盘碎片整理"按钮即可。

图 3.35 "磁盘碎片整理程序"对话框

8. 启用 Windows 防火墙

（1）在控制面板中，选择"系统和安全"→"Windows 防火墙"选项，打开"Windows 防火墙"窗口，如图 3.36 所示。

（2）单击左侧的"打开或关闭 Windows 防火墙"选项，在打开的"自定义设置"窗口中选择"启用 Windows 防火墙"单选按钮，如图 3.37 所示，单击"确定"按钮即可。

图 3.36 "Windows 防火墙"窗口

图 3.37 "自定义设置"窗口

9. 运行程序方式启动画图程序

制作一个红色星形图，并保存为 D:\KS\A1.png。

① 选择"开始"→"所有程序"→"附件"→"画图"命令，出现图 3.38 所示的界面。

② 我们可以为功能区选择颜色"红色"，然后选择线条粗细为"1PX"，在"形状"下拉列表中选择"四角星形"，在空白处拖动鼠标指针即可。

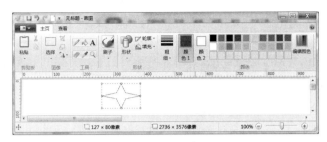

图 3.38　画图程序界面

③ 选择"文件"→"另存为"命令，在弹出的窗口中输入文件名"A1.png"，在保存位置处选择"D:\KS"，单击"保存"按钮。

四、上机实验

（1）在控制面板中双击"系统"图标，在"设备管理器"选项卡中，查看本地计算机所用的声卡芯片类型和显卡芯片类型。

（2）在控制面板中调整系统时间及日期。

（3）在控制面板中设置鼠标的左手或右手习惯。

（4）在控制面板中设置一个新的用户。

（5）用磁盘碎片整理程序整理整个硬盘的碎片。

（6）将 C 盘中的"My Documents"文件夹设置为通过密码访问的完全共享文件夹。

（7）在"记事本"中输入"床前明月光，疑是地上霜；举头望明月，低头思故乡。"将此文件保存在 D 盘根目录中名为"静夜思"的文件中。

（8）在"画图"程序中画出一个红色的椭圆，并将文件保存在 D 盘根目录名为"TEXT"的文件夹中。

3.4　习题

选择题

1. 在 Windows 7 操作系统中，如果锁定任务栏，不能对（　　）进行更改。

    A. "开始"菜单　　　　B. 工具栏　　　　　C. 拖动任务栏调整位置　D. 桌面背景

2. 在 Windows 7 操作系统中，（　　）是"复制"命令的快捷键。

    A. Ctrl+C　　　　　　B. Ctrl+A　　　　　C. Ctrl+Z　　　　　　D. Ctrl+X

3. 在 Windows 7 操作系统中，（　　）是"剪切"命令的快捷键。

    A. Ctrl+C　　　　　　B. Ctrl+A　　　　　C. Ctrl+Z　　　　　　D. Ctrl+X

4. 在 Windows 7 中，下列程序不在附件中的是（　　）。

    A. 计算器　　　　　　B. 写字板　　　　　C. 记事本　　　　　　D. 录像机

5. 在 Windows 7 操作系统中，要隐藏文件夹应该（　　）。

    A. 单击在文件夹的属性中修改　　　　　　B. 双击后打开文件

    C. 在保存该文件夹的磁盘属性中修改　　　D. 按 Alt+Delete 组合键

6. 在 Windows 7 操作系统中，要选中除某文件的所有当前文件的方法是（　　）。

    A. 全选　　　　　　　　　　　　　　　　B. 先选择该文件然后反向选择

    C. 按 Ctrl+A 组合键   D. 拖曳鼠标

7. 在 Windows 7 操作系统中，卸载程序要（   ）。

    A. 打开控制面板，在"外观与个性化"中卸载

    B. 打开控制面板，在"程序"中卸载

    C. 打开控制面板，在"系统与安全"中卸载

    D. 删除桌面图标

8. 文件的类型可以根据（   ）来识别。

    A. 文件的大小   B. 文件的用途   C. 文件的扩展名   D. 文件的存放位置

9. 在下列软件中，属于计算机操作系统的是（   ）。

    A. Windows 7   B. Word 2016   C. Excel 2016   D. PowerPoint 2016

10. 计算机系统主要分为（   ）和软件系统。

    A. 操作系统   B. 设备管理   C. 硬件系统   D. 电源系统

11. 在 Windows 7 操作系统中，多个文件的非连续性选中用（   ）。

    A. Ctrl+C 组合键   B. Ctrl+A 组合键   C. 鼠标拖动   D. Ctrl 键+鼠标单击

12. 碎片整理程序的作用是（   ）。

    A. 节省磁盘空间和提高磁盘运行速度

    B. 将不连续的文件合并在一起

    C. 检查并修复磁盘汇总文件系统的逻辑错误

    D. 扫描磁盘是否有裂痕

13. "家长控制"的功能选项没有（   ）。

    A. 限制游戏   B. 限制程序   C. 限制上网   D. 时间限制

14. 永久删除文件或文件夹的方法是（   ）。

    A. 直接拖进回收站   B. 按住 Alt 键拖进回收站

    C. 按 Shift+Delete 组合键   D. 用鼠标右键单击对象后选择"删除"

15. 下列是"画图"程序的英文程序名的是（   ）。

    A. Calc   B. notepad   C. mspaint   D. cad

16. 下列不是写字板可以保存的格式的是（   ）。

    A. 文本文件   B. 多信息文件   C. Unicode 文本文件   D. HTML 格式文件

17. 运行磁盘碎片整理程序的正确路径是（   ）。

    A. 用鼠标右键单击磁盘盘符，选择"属性"，在弹出的对话框中选择"工具"选项卡

    B. 双击"计算机"，打开控制面板

    C. 双击"计算机"，打开控制面板，选择"辅助选项"

    D. 打开"资源管理器"

18. 在中文 Windows 7 的输入中文标点符号状态下，按（   ）可以输入中文标点符号顿号。

    A. #   B. &   C. \   D. /

19. 能够提供即时信息及轻松访问常用工具的桌面元素的是（   ）。

    A. 桌面图标   B. 桌面小工具   C. 任务栏   D. 桌面背景

20. 以下输入法中，（   ）是 Windows 7 自带的输入法。

    A. 搜狗拼音输入法   B. QQ 拼音输入法   C. 陈桥五笔输入法   D. 微软拼音输入法

21. 以下不属于 Windows 7 窗口的排列方式的是（　　　）。

  A. 层叠窗口　　　　　B. 堆叠显示窗口　　　C. 并排显示窗口　　　D. 纵向平铺窗口

22. 当前窗口处于最大化状态，双击该窗口标题栏，则相当于单击（　　　）。

  A. 最小化　　　　　　B. 关闭按钮　　　　　C. 还原按钮　　　　　D. 系统控制按钮

23. 在 Windows 7 中，当一个应用程序窗口被最小化后，该应用程序（　　　）。

  A. 被转入后台执行　B. 被暂停执行　　　　C. 被终止执行　　　　D. 继续在前台执行

24. 在 Windows 7 中删除某程序的快捷方式图标，表示（　　　）。

  A. 既删除了图标，又删除了该程序

  B. 只删除了图标而没有删除该程序

  C. 隐藏了图标，删除了与该程序的联系

  D. 将图标存放在剪贴板上，同时删除了与该程序的联系

25. Windows 7 中，被放入回收站中的文件仍然占用（　　　）。

  A. 硬盘空间　　　　　B. 内存空间　　　　　C. U 盘空间　　　　　D. 光盘空间

26. 在 Windows 7 中资源管理器中，要把 C 盘上的某个文件夹或文件移到 D 盘上，用鼠标操作时应该（　　　）。

  A. 直接拖曳　　　　　B. 双击　　　　　　　C. 按 Shift 键+拖曳　D. 按 Ctrl 键+拖曳

27. 用户在运行某些应用程序时，若程序运行界面在屏幕上的显示不完整，正确的做法是（　　　）。

  A. 升级 CPU 或内存　　　　　　　　　B. 更改窗口的字体、大小、颜色

  C. 升级硬盘　　　　　　　　　　　　　D. 更改系统显示属性，重新设置分辨率

28. 下列关于"回收站"的说法中，不正确的一项是（　　　）。

  A. "回收站"是内存的一块空间

  B. "回收站"用来存放被删除的文件和文件夹

  C. "回收站"中的文件可被"删除"和"还原"

  D. "回收站"中的文件占"磁盘空间"

29. 在 Windows 7 中，用于在应用程序内部或不同程序之间共享信息的工具是（　　　）。

  A. 计算机　　　　　　B. 剪贴板　　　　　　C. 公文包　　　　　　D. 我的文档

30. 当启动多个应用程序后，在任务栏上就会显示这些任务的（　　　）。

  A. 名称　　　　　　　B. 大小　　　　　　　C. 图标　　　　　　　D. 占有空间

31. 在 Windows 7 中，获得联机帮助的热键是（　　　）。

  A. F1　　　　　　　　B. Alt　　　　　　　　C. Esc　　　　　　　　D. Home

32. 在 Windows 7 中，可以移动窗口位置的操作是（　　　）。

  A. 用鼠标拖曳窗口的菜单栏　　　　　　B. 用鼠标拖曳窗口的标题栏

  C. 用鼠标拖曳窗口的边框　　　　　　　D. 用鼠标拖曳窗口的工作区

33. 截图工具的截图模式不包括（　　　）。

  A. 任意格式截图　　B. 矩形截图　　　　　C. 窗口截图　　　　　D. 半屏幕截图

34. 写字板的菜单栏中不包括的菜单是（　　　）。

  A. 文件　　　　　　　B. 编辑　　　　　　　C. 主页　　　　　　　D. 查看

35. Windows 的截图工具不可以（　　　）。

  A. 矩形截图　　　　　B. 多边形截图　　　　C. 窗口截图　　　　　D. 全屏截图

04 第4章 Word 2016文档处理

4.1 实验 1 Word 2016 基础操作

一、实验目的

（1）熟悉 Word 程序的启动与退出。
（2）熟练掌握新建、保存、打开与关闭 Word 文档的方法。
（3）熟悉 Word 2016 的操作环境。

二、实验内容

（1）在 Word 2016 中根据模板新建"个人简历"文档。
（2）保存并关闭"个人简历"文档。
（3）打开"个人简历"文档，添加个人信息，另存为 PDF 格式。

三、实验步骤

（1）在 Word 2016 中根据模板新建"个人简历"文档。
① 在"开始"菜单的列表中选择"Word"，或在桌面上双击 Word 快捷方式图标，打开 Word 程序。
② 选择"文件"选项卡，单击"新建"按钮，在"简历和求职信"栏中，选择"基本简历"模板，Word 2016 会根据用户所选择的模板新建一个简历文档。
（2）保存并关闭"个人简历"文档。
① 在"文件"选项卡下选择"保存"，打开"另存为"界面，单击"浏览"按钮后弹出"另存为"对话框，选择文档的保存地址，在文件名中输入"个人简历"，单击"保存"按钮即可（默认的文件保存格式为.docx）。
② 单击 Word 文档右上角的"关闭"按钮即可关闭个人简历文档。
（3）打开"个人简历"文档，添加个人信息，另存为 PDF 格式。
① 打开"个人简历"文档。
方法 1：找到"个人简历.docx"文件的保存位置，双击打开该文档。
方法 2：启动 Word 2016 程序，在"文件"选项卡下选择"打开"命令，在最近打开的文档列表中找到"个人简历.docx",单击"打开"按钮。

方法 3:启动 Word 2016 程序,在"文件"选项卡下选择"打开"命令,在右栏中单击"浏览"按钮,找到并选中"个人简历.docx"文档,单击"打开"按钮。

② 在文档中删除默认的信息,并完成所有个人信息的添加。

③ 在"文件"选项卡下选择"另存为",在右栏中单击"浏览"按钮,在弹出的"另存为"对话框中,选择保存地址,选择保存类型为"PDF(*.pdf)",单击"保存"按钮即可。

4.2 实验 2 Word 2016 编辑文档

一、实验目的

(1)掌握快速输入与编辑文本的方法。
(2)掌握查找与替换的使用方法。

二、实验内容

(1)新建一个名为"武大樱花.docx"的 Word 文档,输入本书配套资源中提供的文本内容。
(2)在文档开头添加标题"武汉大学的樱花"。
(3)在标题文本后插入一个书本样式的符号📖。
(4)将正文第 2 段与第 3 段互换位置。
(5)打开"武大樱花.docx"文档,将该文档内容复制到"樱花.docx"文档中,并去掉文本原始格式。
(6)将文本中的"武汉大学"替换成"武大",并以红色显示。

三、实验步骤

(1)打开 Word 程序会自动创建一个空白文档,在文档中输入文本内容后,在"文件"选项卡下选择"保存",在弹出的"另存为"对话框中,选择保存地址为"桌面"、文件名为"武大樱花",单击"确定"按钮。

(2)鼠标光标定位在文档开头处,按 Enter 键,在文章开头新添加一个标题"武汉大学的樱花"。

(3)鼠标光标定位在标题文本后面,在"插入"选项卡下"符号"组中,单击"符号"按钮右侧下拉按钮,在下拉列表栏中选中"其他符号",在弹出的"符号"对话框"字体"下拉列表栏中选择"Wingdings",此时在下拉列表框中选择书本符号📖,单击"插入"按钮。

(4)将正文第 2 段与第 3 段互换。

① 选中正文第 2 段内容,按 Ctrl+X 组合键,将第 2 段文本剪切掉。

② 鼠标光标定位在原第 3 段的最后面,按 Enter 键添加一个新的空自然段,按 Ctrl+V 组合键,则可将刚才剪切的第 2 段文本内容粘贴到此位置,实现第 2 段与第 3 段的互换。

(5)打开"武大樱花.docx"文档,选择整篇文档内容(按 Ctrl+A 组合键),再按 Ctrl+C 组合键进行复制。新建文档"樱花.docx",在打开的文档中,将刚才复制的内容粘贴过来,此时粘贴的方法如下。

方法 1:单击鼠标右键,在弹出的快捷菜单的"粘贴选项"下,选择"只保留文本"图标 (见图 4.1)。

方法 2：在"开始"选项卡下的"剪贴板"组中，选择"粘贴"中的"只保留文本"图标 。

方法 3：在"开始"选项卡下"剪贴板"组中，选择"粘贴"中的"选择性粘贴"，在弹出的"选择性粘贴"对话框中，选择"无格式文本"（见图 4.2）。

（6）将文本中的"武汉大学"替换成"武大"，并以红色显示。

① 通过 Ctrl+H 组合键，打开"查找和替换"对话框（见图 4.3），在"查找内容"后的文本框中输入"武汉大学"，在"替换为"的文本框中输入"武大"。

图 4.1 "只保留文本"图标

图 4.2 "选择性粘贴"对话框

图 4.3 "查找和替换"对话框

② 单击"更多"按钮，在最下方的"查找"栏中单击"格式"按钮，在列表中选择"字体"后弹出"查找字体"对话框，在其中将"字体颜色"设置为红色，单击"全部替换"按钮即可。

四、上机实验

对"武大樱花.docx"文档进行如下操作。

（1）将正文中的中文设置为宋体、五号字，西文设置为 Times New Roman、五号字。

（2）第一段：设为华文彩云、四号字、加粗。

（3）第二段：设为仿宋、四号字、倾斜，分散对齐。

（4）第三段：设为黑体、四号字、加粗。

（5）第四段：用格式刷将该段设为与第一段同样的格式，并将字体颜色设为蓝色。

（6）第五段：设为楷体、四号字、倾斜，并将字体颜色设为红色。

（7）第六段：设为黑体、小三号字、红色并加粗，加下画线。

（8）将最后一段中的文字设为黑体、加粗。

（9）将文件另存为"D：/樱花.docx"。（可根据实际上机环境按老师要求进行文件的保存）

4.3 实验 3 Word 2016 格式化文档

一、实验目的

（1）掌握文本格式的设置方法。

（2）掌握段落格式的设置方法。

二、实验内容

（1）打开"武大樱花.docx"文档，设置标题文本"居中"，标题格式设置要求如表 4.1 所示。

表 4.1　标题文本的格式设置要求

文本	格式	
武汉大学的樱花	字体	隶书
	字号	小初
	文本效果	填充—蓝色，着色 1，阴影
	字形	加粗

（2）对所有正文设置首行缩进 2 字符、1.25 倍行距，正文第 1 段的段前距为 0 行、段后距为 1 行。

（3）设置正文的第 4 段文本的格式，具体要求如表 4.2 所示。

表 4.2　正文第 4 段文本的格式要求

文本	格式
武大	红色，双下画线
樱花	添加着重号
云南樱花、日本樱花	斜体、黄色
数字	以红色突出显示

（4）将最后一个自然段的内容设置如下：加边框和底纹，边框颜色为蓝色，底纹的图案样式为"浅色上斜线"，图案颜色为浅蓝色，设置页面边框。

三、实验步骤

1. 打开文档并设置标题格式

打开"武大樱花.docx"文档，设置文章标题的格式。

（1）单击标题所在段落，选择"开始"→"段落"→"居中对齐"命令。

（2）选择"武汉大学的樱花"，在"字体"组中选择"隶书""小初""加粗"，单击"文本效果和版式"按钮 $\boxed{A}$·，在展开的列表中（见图 4.4），选择"填充—蓝色，着色 1，阴影"的效果。

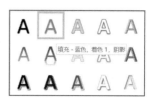

图 4.4　设置文本效果

2. 段落设置

（1）单击正文开头，按住 Shift 键的同时单击正文最后，选中所有正文，选择"开始"选项卡，单击"段落"组中对话框启动器按钮，在弹出的"段落"对话框中（见图 4.5），在"缩进"栏中将"特殊格式"选择为"首行缩进"、"缩进值"选择为"2 字符"，在"间距"栏中将"行距"选择为"多倍行距"，在"设置值"中输入"1.25"。

（2）选择正文第 1 段内容，打开 "段落"对话框，在"间距"栏中设置"段前"为"0 行"，"段后"为"1 行"。

3. 设置正文第 4 段文本格式

（1）选择文本"武大"，选择"开始"选项卡，在"字体"组中，选择"下画线"为"双下画线"，选择"下画线颜色"为"标准色"中的"红色"。

（2）选择文本"樱花"，单击"字体"组中对话框启动按钮，在打开的"字体"对话框中，选择

"字体"选项卡中的"着重号"为"•"。

（3）选择正文中的"云南樱花"及"日本樱花"，在"字体"组中单击"倾斜"按钮 *I*，单击字体"颜色"按钮 **A**，在下拉列表中选择"黄色"。

（4）选择本段中的数字字符，在"字体"组中，单击"文本突出显示颜色"按钮 **ab**，在下拉列表中选择"红色"。

4. 设置边框和底纹

（1）选择最后一个自然段文本，在"段落"组中，单击"边框"按钮，在下拉列表中选择"边框和底纹"，在弹出的"边框和底纹"对话框的"边框"选项卡中（见图 4.6），将"应用于"设置为"段落"，在"样式"列表框中选择边框样式，将"颜色"选择为"标准色"中的"蓝色"，在"预览"中能看到边框效果。

（2）选择"底纹"选项卡（见图 4.7），在"图案"栏中选择"样式"为"浅色上斜线"，"颜色"为"标准色"中的"浅蓝"。

（3）选择"页面边框"选项卡，在"艺术型"下拉列表中选择一种页面边框样式即可。

图 4.5 "段落"对话框

图 4.6 设置段落边框

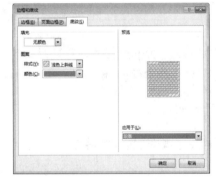

图 4.7 设置段落底纹

四、上机实验

对"樱花.docx"文档进行如下操作。

（1）增加标题"武汉大学——樱花之校"，将标题字体格式设置成"宋体、三号、加粗、居中"，将标题的段前、段后间距设置为 1 行。

（2）将正文中的中文设置为"宋体、五号"，西文设置为"Times New Roman、五号"，将正文设为行距 1.5 倍。

（3）整篇文档加页面边框。

（4）将文件另存为"D：/樱花学校.docx"。（可根据实际的上机环境按老师要求进行文件的保存）

4.4 实验 4 Word 2016 样式应用

一、实验目的

掌握样式的设置与使用方法。

二、实验内容

制作大学的专业介绍文档。

三、实验步骤

（1）打开"样式.docx"文档，将"专业介绍"样式复制到"专业介绍.docx"中，并将其改名为"专业介绍_正文"。

① 单击"开始"选项卡"样式"组右下角的对话框启动器按钮，在"样式"任务窗格中单击最下方的第三个"管理样式"按钮，弹出"管理样式"对话框。

② 单击该对话框左下角的"导入/导出"按钮，弹出"管理器"对话框，单击该对话框右侧的"关闭文件"按钮，该按钮会变成"打开文件"按钮。

③ 单击"打开文件"按钮，弹出"打开"对话框，选择"专业介绍.docx"文件，再单击"打开"按钮即可返回"管理器"对话框（见图 4.8），在该对话框左侧列表框中选择"专业介绍"样式，然后单击"复制"按钮，右侧列表框中便会出现"专业介绍"样式。

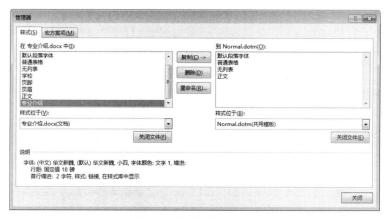

图 4.8　"管理器"对话框

④ 单击"关闭"按钮，弹出"是否将更改保存到'专业介绍.docx'中"对话框，单击"保存"按钮，即可关闭"样式.docx"。

⑤ 打开"专业介绍.docx"，单击"开始"选项卡"样式"组中的下拉按钮，鼠标右键单击"专业介绍"样式，在弹出的快捷菜单中选择"重命名"命令，弹出"重命名样式"对话框，在该对话框中输入"专业介绍_正文"（见图 4.9），然后单击"确定"按钮关闭该对话框。

（2）修改"标题 5"样式的字体为"华文新魏"，行距为"20 磅"，段前和段后间距均为"5 磅"。

图 4.9　重命名样式

① 在"管理样式"对话框中选择"推荐"选项卡，在列表框中选择"标题 5"，单击对话框中的"显示"按钮（见图 4.10），然后单击"确定"按钮关闭该对话框。

② 单击"开始"选项卡"样式"组中的下拉按钮，鼠标右键单击"标题 5"样式，在弹出的快捷菜单中选择"修改"命令，弹出"修改样式"对话框（见图 4.11），在该对话框中选择"格式"→"字体"，系统会弹出"字体"对话框，在该对话框中设置"中文字体"为"华文新魏"后单击"确定"按钮返回"修改样式"对话框。

③ 在"修改样式"对话框中选择"格式"下拉列表中的"段落"按钮，在弹出的"段落"对话框中设置行间距为"20磅"，段前和段后间距为"5磅"，然后单击"确定"按钮，返回"修改样式"对话框，单击"确定"按钮关闭该对话框。

（3）新建"学校"样式，样式字体为"华文新魏"、字号为"小三"、加粗、居中对齐。

单击"样式"任务窗格最下方第一个"新建样式"按钮，在弹出的"根据格式设置创建新样式"对话框中设置名称为"学校"、字体为"华文新魏"、字号为"小三"、加粗、居中对齐（见图4.12），然后单击"确定"按钮关闭该对话框。

图4.10 "管理样式"对话框

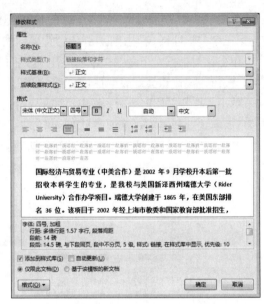

图4.11 "修改样式"对话框

（4）应用"学校"样式到"A大学"和"B大学"所在的段落上，应用"标题5"样式到专业名称所在的段落上，专业名称有"国际经济与贸易（中美合作办学）""国际经济与贸易""酒店管理""计算机科学与技术"，其余文本应用"专业介绍_正文"样式。

① 选中文本"A大学"和"B大学"，单击"开始"选项卡"样式"组中的"学校"按钮，选中文本"国际经济与贸易（中美合作办学）""国际经济与贸易""酒店管理""计算机科学与技术"，单击"开始"选项卡"样式"组中的"标题5"。

② 将鼠标光标定位到正文中任意位置（除了各标题之外），单击"开始"→"编辑"→"选择"→"选择格式相似的文本"按钮，再选择"开始"→"样式"→"专业介绍_正文"选项。最终效果图如图4.13所示。

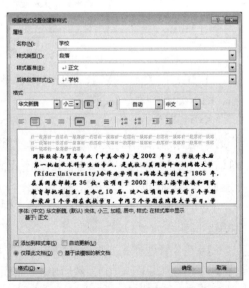

图4.12 "根据格式设置创建新样式"对话框

图 4.13　专业介绍文档的最终效果

4.5　实验 5　Word 2016 表格应用 1

一、实验目的

（1）掌握表格的插入方法。

（2）掌握表格的编辑方法。

（3）熟练掌握设置表格和单元格格式的方法。

二、实验内容

（1）新建一个名为"等级考试准考证.docx"文档，效果如图 4.14 所示。

（2）表格中的文本字体为"微软雅黑"、黑色，适当加大表格第一行中标题文本的字号及字符间距。

（3）根据效果图设置单元格中文本的对齐方法，"考生须知" 4 字竖排，"考生须知"中包含的文本以自动编号排列。

（4）为表格添加图案样式的底纹。

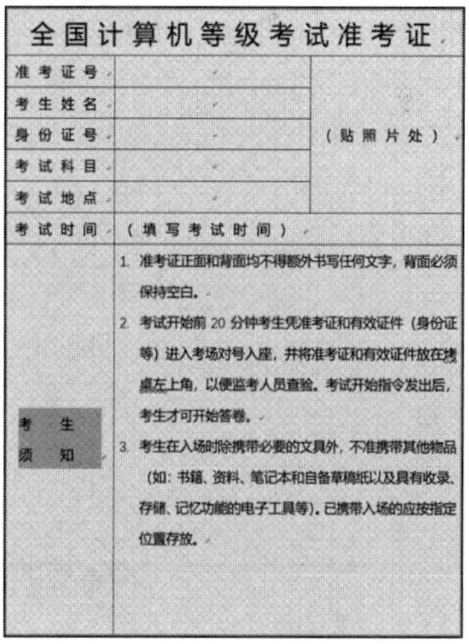

图 4.14　准考证效果图

三、实验步骤

1. 文本转换成表格并编辑表格

（1）新建文档"等级考试准考证.docx"，输入 8 行文本，具体如下：

第 1 行：全国计算机等级考试准考证。

第 2 行：准考证号。

第 3 行：考生姓名。

第 4 行：身份证号。

第 5 号：考试科目。

第 6 行：考试地点。

第 7 行：考试时间。

第 8 行：考生须知。

（2）选择所有文本，选择"插入"选项卡，在"表格"组中选择"表格"→"文本转换成表格"，在弹出的"将文字转换成表格"对话框中，在"文字分隔位置"栏中，选择"制表符"，则"表格尺寸"栏中的"列数"变成"2"（见图 4.15），单击"确定"按钮，则原有的文本将转换成 8 行 2 列的表格。

（3）选择表格的第 1 行，在"表格工具"的"布局"选项卡下的"合并"组中，单击"合并单元格"按钮。

（4）单击选中最后一个单元格，按 Tab 键，此时会在下方增加 1 行，同样再增加 2 行。

（5）选择"考生须知"及下方的 3 个单元格，在"表格工具"的"布局"选项卡下"合并"组中，单击"合并单元格"按钮，同样将右边的 4 个单元格选择合并后即可。

（6）分别将第 2~6 行的第 2 列拆分成 2 个单元格；合并第 2~6 行的第 3 列单元格，在其中输入文本"（贴照片处）"。

（7）选择单元格，在"表格工具"的"布局"选项卡下的"单元格大小"组中，适当调整表格的行高和列宽。

2. 设置字体、字号和字符间距

选择第 1 行的 2 个单元格，将其合并为 1 个单元格，设置"字号"为"一号"。选择整个表格后，在"开始"选项卡的"字体"组中，设置"字体"为"微软雅黑"、"字体颜色"为"黑色"。单击"字体"组中对话框启动器按钮，在弹出的"字体"对话框中，选择"高级"选项卡，设置"间距"为"加宽"、"磅值"为"5 磅"（见图 4.16）。

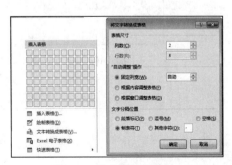

图 4.15　文本转换成表格

图 4.16　设置字符间距

3. 设置单元格对齐方式

（1）选择整个表格，在"表格工具"的"布局"选项卡下的"对齐方式"组中（见图 4.17），单击正中央的"水平居中"按钮；选择"填写考试时间"和"考生须知"具体内容的 2 个单元格，在"对齐方式"组中，单击"中部两端对齐"按钮。

图 4.17　设置单元格对齐方式

（2）选择"考生须知"，单击图 4.17 所示的"文字方向"按钮，将文本变成竖排显示，在"字体"对话框的"高级"选项卡下加宽字符间距。

（3）选择"考生须知"具体内容所在单元格的文本，选择"开始"选项卡，在"段落"组中，单击"编号"按钮，使段落自动编号。

4. 设置底纹

选择整个表格，选择"开始"选项卡，在"段落"组中，选择"边框"→"边框和底纹"，在弹出的对话框的"底纹"选项卡下，将图案的样式设置为"浅色棚架"、颜色为"水绿色"。

四、上机实验

（1）制作图 4.18 所示的课程表。

（2）制作图 4.19 所示的数学公式、化学式及流程图。

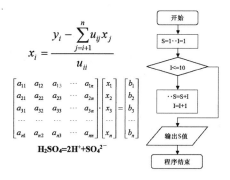

图 4.18　课程表　　　　　　图 4.19　数学公式、化学式及流程图

$$x_i = \frac{y_i - \sum_{j=i+1}^{n} u_{ij}x_j}{u_{ii}}$$

$$\begin{bmatrix} a_{11} & a_{12} & a_{13} & \cdots & a_{1n} \\ a_{21} & a_{22} & a_{23} & \cdots & a_{2n} \\ a_{31} & a_{32} & a_{33} & \cdots & a_{3n} \\ \cdots & \cdots & \cdots & & \cdots \\ a_{n1} & a_{n2} & a_{n3} & \cdots & a_{nn} \end{bmatrix} \cdot \begin{bmatrix} x_1 \\ x_2 \\ x_3 \\ \cdots \\ x_n \end{bmatrix} = \begin{bmatrix} b_1 \\ b_2 \\ b_3 \\ \cdots \\ b_n \end{bmatrix}$$

$$H_2SO_4 = 2H^+ + SO_4^{2-}$$

4.6　实验 6 Word 2016 表格应用 2

一、实验目的

（1）熟悉文本与表格的相互转换方法。

（2）掌握表格中数据的排序方法与简单的计算方法。

二、实验内容

（1）创建一个"成绩表.docx"文档，以"成绩素材.txt"的内容（见图 4.20）生成表格。

（2）添加行和列、合并单元格、设置单元格格式，表格效果如图 4.21 所示。

（3）利用函数计算每位学生的总分，再计算出最高分、最低分及平均分，平均分保留小数点后 2 位。

（4）将所有学生的成绩按照"总分"递减排序。

图 4.20　成绩素材

姓名	计算机基础	高等数学	体育	大学英语	总分
赵毅中	90	98	87	89	364
张和平	100	59	99	87	345
李一恒	77	90	100	55	322
文栋	34	85	89	64	322
李思	90	56	78	64	288
魏松平	0	45	77	65	187
最高分					364
最低分					187
平均分					304.67

图 4.21　表格效果

三、实验步骤

1. 文本转换为表格

新建一个"成绩表.docx"的 Word 文档，将"成绩素材.txt"中的内容复制到该 Word 文档中。在文档中选择所有文本，选择"插入"选项卡，在"表格"组中选择"表格"→"文本转换成表格"命令，即可将文本转换成一个 7 行 6 列的表格。

2. 编辑表格

（1）选中最后一行最右方的单元格，按 Tab 键，此时表格会增加一行，同样再增加两行（整个表格共 10 行），增加的三行依次在各行最左侧单元格输入"最高分""最低分""平均分"。

（2）合并"最高分"所在行的第 1～5 个单元格，同样分别合并"最低分"和"平均分"所在行的第 1～5 个单元格。

（3）选择整个表格，在"表格工具"的"布局"选项卡下"对齐方式"组中，单击"水平居中"按钮，使得所有单元格中的文本中心对齐。

（4）选择第 1 行及"最高分""最低分""平均分"单元格，在"表格工具"的"设计"选项卡下"表格样式"组中，单击"底纹"按钮，选择合适的颜色即可。

3. 表格计算

（1）选中第一位学生的"总分"单元格，在"表格工具"的"布局"选项卡下"数据"组中，单击"公式"按钮，在弹出的"公式"对话框中输入公式"=SUM(LEFT)"（见图 4.22），即对当前单元格左侧所有单元格中的数值型数据求和，单击"确定"按钮即可。

（2）同样的，每位学生的"总分"计算都可采用相同的方法，也可以复制第一位学生的总分，粘贴到其他学生的"总分"单元格中，然后在粘贴的单元格上单击鼠标右键，在弹出的快捷菜单中选择"更新域"即可（见图 4.23）。

（3）选中"最高分"对应的单元格，单击"公式"按钮，在弹出的"公式"对话框的"公式"文本框中输入"=MAX(ABOVE)"即可；同样的，选中"最低分"对应的单元格，在"公式"文本框中输入"=MIN(F2:F7)"；选中"平均分"对应的单元格，在"公式"文本框中输入"=AVERAGE(F2:F7)"，在"编号格式"中选择"0.00"即可。

4. 排序

选择表格的前 7 行数据，在"表格工具"的"布局"选项卡下"数据"组中单击"排序"按钮，在弹出的"排序"对话框中，"列表"选择"有标题行"，"主要关键字"选择"总分"和"降序"（见图 4.24），单击"确定"按钮即可。

图 4.22 运用公式计算总分   图 4.23 更新域

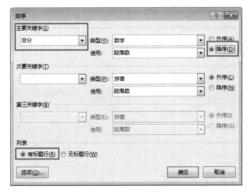

图 4.24 "排序"对话框

4.7 实验 7 Word 2016 图文混排

一、实验目的

（1）掌握图片的插入、编辑与格式设置方法。

（2）掌握形状、艺术字、文本框的应用方法。

（3）熟练掌握文本与图的混合排版的方法。

二、实验内容

根据素材文件"图文混排.docx"及图片"黄果树瀑布.png"，将文档编辑排版成图 4.25 所示的效果。

三、实验步骤

1. 设置标题为白色填充投影艺术字

（1）选中标题文字，在"插入"选项卡的"文本"组中，单击"艺术字"，选择"填充-白色，轮廓-着色1，阴影"。

（2）设置线性对角铜黄色渐变填充背景。单击此艺术字，在"绘图工具格式"选项卡下的"形状样式"组中，单击"形状填充"→"渐变"→"其他渐变"，弹出"设置形状格式"窗格，在"填充"选项中，选择"渐变填充"，将"预设颜色"设置为"铜黄色"、"类型"设置为"线性"、"方向"设置为"线性对角-右下到左上"即可。

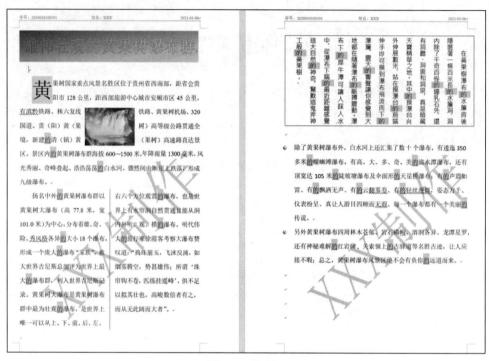

图 4.25　效果图

2. 查找与替换

将全文中的"的"替换为"灰色-25%突出显示、红色双下画线"。

（1）将光标定位于第 1 段开始处。

（2）在"开始"选项卡的"字体"组中，单击"突出显示"→"灰色-25%"按钮。

（3）在"编辑"组中，单击"替换"按钮，打开"查找和替换"对话框，分别在"查找内容"和"替换为"文本框中输入"的"。

（4）单击"更多"按钮，打开更多选项，将"搜索"选项设为"向下"，选中"替换为"文本框中的"的"，单击"格式"→"突出显示"按钮，再单击"格式"→"字体"按钮，打开"替换字符"对话框，将"下画线类型"设置为"双线型"、"下画线颜色"设置为"红色"。单击"确定"按钮，返回到"查找和替换"对话框，单击"全部替换"按钮，即可完成替换。

3. 设置段落

（1）为 1、2、3 段设置为：首行缩进 2 字符、段前及段后为 0 行、单倍行距。选中 1、2、3 段文本，在"开始"选项卡的"段落"组中，单击对话框启动器按钮，打开"段落"对话框，将"特殊格式"设为"首行缩进"、将"磅值"设为"2 字符"、将"段前"和"段后"设为"0 行"、将"行距"设为"单倍行距"。单击"确定"按钮，完成设置。

（2）为第 1 段设置首字下沉 2 行。将光标置于第 1 段起始位置，在"插入"选项卡的"文本"组中，单击"首字下沉"→"首字下沉选项"按钮，打开"首字下沉"对话框，单击"下沉"按钮，将"下沉行数"设为"2"，单击"确定"按钮即可完成设置。

（3）将第 1 段首字底纹设为"白色，背景 1，深色 15%"。鼠标右键单击下沉的首字的边框，在弹出的快捷菜单中选择"边框和底纹"命令，打开"边框和底纹"对话框，单击"底纹"选项卡，将"填充"设为"白色，背景 1，深色 15%"，将"应用于"设为"文字"，单击"确定"按钮即可。

（4）插入名为"黄果树瀑布.png"的图片，并将图片设置为"四周型环绕"。在"插入"选项卡的"插图"组中，单击"图片"按钮，打开"插入图片"对话框，选中所需图片，单击"插入"按钮，即可完成图片的插入。在"图片工具"→"格式"选项卡的"排列"组中，单击"四周型环绕"按钮即可。

4. 分栏

将第 2 段文字分为等宽两栏。选中第 2 段文本，在"页面布局"选项卡的"页面设置"组中，单击"分栏"→"更多分栏"按钮，打开"分栏"对话框，勾选"分隔线"选项，即可完成分栏。

5. 转换文字并竖排文字

（1）将第 3 段文字转换为繁体。选中第 3 段文本，在"审阅"选项卡的"中文简繁转换"组中，单击"简转繁"按钮即可完成转换。

（2）竖排文字。在"插入"选项卡的"文本"组中，单击"文本框"→"绘制竖排文本框"按钮，将文字竖排，调整文本框的大小。

6. 为最后 2 段设置项目符号

（1）添加项目符号。选中最后 2 段文本，在"开始"选项卡的"段落"组中，单击"项目符号"→"定义新项目符号"按钮，打开"定义新项目符号"对话框，单击"符号"按钮，打开"符号"对话框，在"字体"下拉列表框中选择"Wingdings"，拖曳预览窗口右侧的滚动条，选择符号。单击"确定"按钮，返回到"定义新项目符号"对话框。

（2）设置项目符号。在"定义新项目符号"对话框中，单击"字体"按钮，打开"字体"对话框，设置"字号"为"五号"、"字体颜色"为"红色"，单击"确定"按钮，返回到"定义新项目符号"对话框，设置"对齐方式"为"居中"，单击"确定"按钮即可完成项目符号的设置。

7. 插入页眉及水印

（1）插入页眉。在"插入"选项卡的"页眉和页脚"组中，单击"页眉"→"编辑页眉"按钮，在页眉的左上端输入学号、中间部分输入姓名，在"页眉和页脚工具"→"设计"选项卡的"插入"组中，单击"日期和时间"按钮，打开"时间和日期"对话框，选择时间格式，单击"确定"按钮，插入日期和时间。单击"关闭页眉和页脚"按钮，完成页眉和页脚的设置。

（2）插入水印。在"设计"选项卡的"页面背景"组中，单击"水印"→"自定义水印"按钮，打开"水印"对话框，选择"文字水印"选项按钮，在"文字"框内输入文本"×××制作"（×××为自己的姓名），设置"字号"为"自动"，设置"颜色"为"红色"，选择"斜式"选项按钮，勾选"半透明"复选框，单击"确定"按钮，完成水印的制作。

（3）编辑水印。鼠标右键单击页眉线，在弹出的快捷菜单中选择"页眉编辑"命令，进入页眉编辑状态，选中水印文字，移动到适当的位置，单击"关闭页眉和页脚"按钮，完成水印的移动。

四、上机实验

创建 Word 文档"图文混排.docx",输入如下内容并按要求设计图 4.26 所示效果。

图 4.26　图文混排效果图

4.8　实验 8 Word 2016 长文档排版

一、实验目的

（1）掌握样式与多级列表的综合应用方法。
（2）熟悉文档的页面设置方法。
（3）掌握题注的插入与交叉引用方法。
（4）掌握目录的插入与设置方法。

二、实验内容

对一篇长文档素材"毕业论文.docx"进行排版。

三、实验步骤

（1）打开"毕业论文.docx",为文档添加自定义封面,封面内容使用"毕业论文封面.docx"中的全部内容。

打开"毕业论文封面.docx",选择文档中的全部内容,单击"插入"选项卡下"页面"组中的"封面"→"将所选内容保存到封面库"按钮,弹出"新建构建基块"对话框(见图 4.27),输入该自定义封面的名称"毕业论文封面",然后单击"确定"按钮关闭该对话框。打开"毕业论文.docx",单击"插入"选项卡下"页面"组中的"封面"按钮,下拉列表中会显示出自定义的封面(见图 4.28),选择"毕业论文封面"即可完成封面的添加(多余空白页可酌情删除)。

图 4.27　"新建构建基块"对话框　　　　　　　　图 4.28　插入封面

(2)设置文档的页边距。

单击"页面布局"选项卡下的"页面设置"组中的"页边距"→"自定义边距"按钮,在弹出的"页面设置"对话框的"页边距"选项卡中,设置上边距为"3.5 厘米"、下边距为"4 厘米"、左边距为"2.8 厘米"、右边距为"2.8 厘米"(见图 4.29);在"版式"选项卡中,"距边界"栏中设置页眉为"2.5 厘米"、页脚为"3 厘米"(见图 4.30)。

图 4.29　设置"页边距"　　　　　　　　　　　图 4.30　设置"版式"

(3)设置论文标题、摘要和关键字格式,具体要求如下。

① 论文标题:黑体、三号、加粗、居中对齐。

② 摘要标题："摘"与"要"之间空一格，黑体、加粗、四号、居中对齐。

③ 摘要内容：宋体、小四号，每段首行缩进 2 个字符、1.5 倍行距。

④ 关键字标题：黑体、小四号。

⑤ 关键字内容：宋体、小四号，关键字之间用逗号隔开。

（4）设置论文正文格式，具体要求如下。

① 一级标题（章标题）：标题序号为"第 1 章"，标题序号后加一个空格，独占一行，末尾不加标点符号，黑体、加粗、三号、居中对齐，段前 3 行、段后 3 行、多倍行距 3、对齐位置 0cm、缩进位置 0cm、链接样式"标题 1"。

② 二级标题（节标题）：标题序号为 1.1、1.2、1.3…，标题序号后加一个空格，独占一行，末尾不加标点符号，黑体、加粗、四号、左对齐、段前 1.5 行、段后 1.5 行、多倍行距 1.5、对齐位置 0.75cm、缩进位置 0cm、链接样式"标题 2"。

③ 三级标题：标题序号为 1.1.1、1.1.2、1.1.3…，末尾不加标点符号，黑体、加粗、五号、左对齐、段前 12 磅、段后 12 磅、多倍行距 1.5、对齐位置 0.75cm、缩进位置 0cm、链接样式"标题 3"。

④ 四级标题：标题序号为 1、2、3…，独占一行，末尾不加标点符号，黑体、加粗、五号、左对齐、段前 12 磅、段后 12 磅、多倍行距 1.5、对齐位置 0.75cm、缩进位置 0.75cm、链接样式"标题 4"。

⑤ 正文内容：宋体、小四号、左对齐，每段首行缩进 2 个字符、1.5 倍行距。

具体操作步骤如下。

① 单击"开始"选项卡"段落"组中的"多级列表"→"定义新的多级列表"按钮，弹出"定义新多级列表"对话框，设置各级标题的标题序号、对齐位置、缩进位置和链接样式（见图 4.31）。

② 鼠标右键单击"开始"选项卡"样式"组中的"标题 1"，在弹出的快捷菜单中选择"修改"命令，弹出"修改样式"对话框，修改"标题 1"样式的字体、字号、对齐方式、行距、段落间距等设置（见图 4.32），下面"标题 2""标题 3""标题 4"样式的设置方法同"标题 1"。

③ 新建样式"论文正文"，单击"开始"选项卡"样式"组右下角的对话框启动器按钮，弹出"样式"任务窗格，单击该窗格左下角的"新建样式"按钮，弹出"根据格式设置创建新样式"对话框，输入新样式的名称，并设置相应的格式（见图 4.33）。

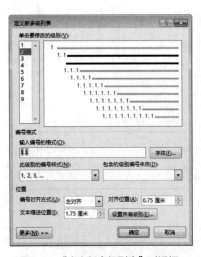

图 4.31 "定义新多级列表"对话框

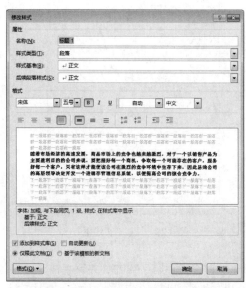

图 4.32 "修改样式"对话框

④ 应用各级标题样式和"论文正文"样式，如有多余的章节编号可酌情删除，鉴于正文内容（除各类章节标题）较多且不连续，可将鼠标指针停留在正文的任意位置，单击"开始"选项卡"编辑"组的"选择"下拉菜单中的"选定所有格式类似的文本"按钮，以便快速选中所有的正文内容。编号列表处可先应用"论文正文"样式，再添加编号列表。"附录"应用"标题 1"样式，然后删除标题序号。

（5）设置图和表的题注，并在正文内容中引用相应题注。题注格式为楷体、五号、居中对齐，图的编号按章的顺序编号、显示在图的下方；表的编号按章的顺序编号、显示在表的上方。"修改样式"对话框如图 4.34 所示。

图 4.33 "根据格式设置创建新样式"对话框　　　　图 4.34 "修改样式"对话框

具体操作方法如下。

① 单击"引用"选项卡"题注"组中的"插入题注"按钮，弹出"题注"对话框（见图 4.35）。单击"新建标签"按钮，新建两个标签"图"和"表"，单击"编号"按钮，弹出"题注编号"对话框（见图 4.36），设置题注为"包含章节号"。

图 4.35 "题注"对话框　　　　　　　　图 4.36 "题注编号"对话框

② 在正文中找到需要引用题注的位置，单击"引用"选项卡"题注"组中的"交叉引用"按钮，弹出"交叉引用"对话框（见图 4.37）。

（6）制作论文目录、图目录、表目录，要求各类目录的产生使用 Word 中的"自动目录 1"生成

（三级目录、含页码），域应保持时刻更新。各类目录标题，字与字之间空 2 格，格式为黑体、加粗、三号、黑色、居中对齐、行间距为 1 行。

　　具体操作方法如下。

　　单击"引用"选项卡"目录"组中的"目录"→"自动目录 1"按钮生成目录，单击"引用"选项卡"题注"组中的"插入表目录"按钮，弹出"图表目录"对话框，设置"题注标签"为"图"，可插入图目录；设置"题注标签"为"表"，可插入表目录（见图 4.38），各类目录之间至少空一行。

图 4.37 "交叉引用"对话框

图 4.38 "图表目录"对话框

（7）制作页眉和页脚，具体要求如下。

　　① 页眉：宋体、五号、居中对齐、封面和摘要页无页眉，目录页眉分别设置为"目录""图目录""表目录"，其余页的偶数页眉设置为"××大学××学院××专业毕业论文"、奇数页眉设置为"章序号"+"章名"。

　　② 页脚：宋体、小五号、居中对齐封面和摘要页无页脚、目录（含图目录和表目录）页脚使用罗马序号格式Ⅰ、Ⅱ、Ⅲ…，正文页脚使用阿拉伯数字格式1、2、3…，设置为"第×页，共××页"。

　　具体操作方法如下。

　　① 由于各个部分的页眉有所不同，因此根据题目的要求，需要在"目录""图目录""表目录""正文"前插入分节符。单击"布局"选项卡"页面设置"组中的"分隔符"→"分节符（下一页）"按钮即可插入分节符，在添加分节符的文档处会出现一条双虚线，在中央位置会有"分节符（下一页）"字样。如没出现双虚线分节符，可单击"开始"选项卡"段落"组中的"显示"→"隐藏编辑标记"按钮，即可显示分节符标记。若有多余空行，可酌情删除。

　　② 插入页眉，单击"插入"选项卡"页眉和页脚"组中的"页眉"→"编辑页眉"按钮，编辑页眉时，若需要设置当前页的页眉和前一页的不同，可取消"链接到前一条页眉"的选择（可采用"页眉和页脚工具"→"上一节"→"导航"→"链接到前一条页眉"），如图 4.39 所示，同样的方法可对页脚进行设置。

图 4.39　页眉设置

　　③ 添加"章节号"，单击"插入"选项卡"文本"组中的"文档布局"→"域"按钮，弹出"域"对话框，选择"StyleRef"域（见图 4.40）。添加"章名"可重复上述操作，在"域"对话框的"域选项"中勾选"插入段落位置"（"章序号"与"章名"不能同时添加）。

四、上机实验

综合设计，编排一篇学生的毕业论文（教师提供素材），要求如下。

1. 页面设置

纸张大小为"A4"，纸张方向为"纵向"，上、下页边距为 2.5 厘米，左边距为 2.5 厘米，右边距为 2 厘米。

图 4.40　"域"对话框

2. 论文排版格式

（1）论文题目采用二号黑体，标题前后各空 1 行。

（2）一级标题：小四号黑体（上下各空 1 行）。

（3）二级标题：小四号楷体。

（4）正文：五号宋体。

3. 自动生成目录

目录：单独占页，"目录"二字用三号宋体加粗，目录内容用小四号宋体、1.5 倍行距。

4. 页眉页脚排版格式

（1）页脚：奇数页码放置在页面右下角，偶数页码放置在页面的左下角。

（2）页眉：小五号、宋体、居中（向奇数页"页眉"中央插入相关艺术字，将奇数页页眉设置为论文题目）。

4.9　习题

一、单选题

1. 在 Word 中，要一次全部保存正在编辑的多个文档，需执行的操作是（　　　）。

　　A. 按住 Ctrl 键，并选择"文件"→"全部保存"命令

　　B. 按住 Shift 键，并选择"文件"→"全部保存"命令

　　C. 选择"文件"→"另存为"命令

D. 按住 Alt 键，并选择"文件"→"全部保存"命令

2. Word 文档文件的扩展名为（　　　）。

    A. txt　　　　　　　B. docx　　　　　　　C. xlsx　　　　　　　D. doc

3. 在 Word 窗口的编辑区，闪烁的一条竖线表示（　　　）。

    A. 鼠标位置　　　　　B. 光标位置　　　　　C. 拼写错误　　　　　D. 文本位置

4. 在 Word 中选取某一个自然段落时，可将鼠标指针移到该段落区域内（　　　）。

    A. 单击　　　　　　　B. 双击　　　　　　　C. 三单击　　　　　　D. 右击

5. 在 Word 中操作时，需要删除一个字，当光标在该字的前面时，应按（　　　）。

    A. 删除键　　　　　　B. 空格键　　　　　　C. 退格键　　　　　　D. Enter 键

6. 在 Word 操作过程中能够显示总页数、页号、页数等信息的是（　　　）。

    A. 状态栏　　　　　　B. 菜单栏　　　　　　C. 快速访问工具栏　　D. 标题栏

7. 要选定文档中的一个矩形区域，应在拖动鼠标前按住（　　　）。

    A. Ctrl 键　　　　　　B. Alt 键　　　　　　C. Shift 键　　　　　D. 空格键

8. 在 Word 中选定一行文本的方法是（　　　）。

    A. 将鼠标指针置于目标处并单击

    B. 将鼠标指针置于此行左侧的选定栏，出现箭头形状的选定光标时单击

    C. 用鼠标在此行的选定栏三击

    D. 将鼠标指针定位到该行中，当出现闪烁的光标时，连续三次单击

9. 将插入点定位于句子"风吹草低见牛羊"中的"草"与"低"之间，按 Delete 键，则该句子为（　　　）。

    A. 风吹草见牛羊　　　B. 风吹见牛羊　　　C. 整句被删除　　　D. 风吹低见牛羊

10. 在 Word 中，不属于"开始"功能区的是（　　　）。

    A. 文本　　　　　　　B. 字体　　　　　　　C. 段落　　　　　　D. 样式

11. 在 Word 窗口中编辑文档时，单击文档窗口标题栏右侧的 ▭ 按钮后，会（　　　）。

    A. 关闭窗口　　　　　　　　　　　　　B. 最小化窗口

    C. 使文档窗口独占屏幕　　　　　　　　D. 使当前窗口缩小

12. 在 Word 主窗口的右上角，可以同时显示的按钮是（　　　）。

    A. "最小化→还原"和"最大化"　　　　B. "还原→最大化"和"关闭"

    C. "最小化→还原"和"关闭"　　　　　D. "还原"和"最大化"

13. 文档窗口利用水平标尺设置段落缩进，需要切换到（　　　）视图方式。

    A. 页面　　　　　　　B. Web 版式　　　　　C. 阅读版式　　　　　D. 大纲

14. 在 Word 编辑状态下，打开"日记. docx"文档，若要把编辑后的文档以文件名"旅行日记. htm"存盘，可以执行"文件"菜单中的（　　　）命令。

    A. 保存　　　　　　　B. 另存为　　　　　C. 全部保存　　　　　D. 保存并发送

15. 在快速访问工具栏中，� 按钮的功能是（　　　）。

    A. 撤销上次操作　　　　　　　　　　　B. 恢复上次操作

    C. 设置下画线　　　　　　　　　　　　D. 插入链接

16. 在 Word 中更改文字方向菜单命令的作用范围是（　　　）。

    A. 光标所在处　　　B. 整篇文档　　　C. 所选文字　　　D. 整段文章

17. 在 Word 中输入文字时，在（   ）模式下输入新的文字时，后面原有的文字将会被覆盖。

    A. 插入   B. 改写   C. 更正   D. 输入

18. Word 中按住（   ）键的同时拖动选定的内容到新位置可以快速完成复制操作。

    A. Ctrl   B. Alt   C. Shift   D. 空格

19. 在 Word 中使用模板创建文档的过程是（   ），然后选择模板名。

    A. 选择"文件"→"打开"菜单命令

    B. 选择"文件"→"选项"菜单命令

    C. 选择"文件"→"新建模板文档"菜单命令

    D. 选择"文件"→"新建"菜单命令

20. 当用户输入错误的文字或系统不能识别的文字时，Word 会在文字下面以（   ）标注。

    A. 红色直线   B. 红色波浪线   C. 绿色直线   D. 绿色波浪线

21. 在 Word 的编辑状态下，为文档设置页码，可以使用（   ）。

    A. "引用"→"目录"组   B. "开始"→"样式"组

    C. "插入"→"页"组   D. "插入"→"页眉页脚"组

22. Word 的页边距可以通过（   ）设置。

    A. "插入"→"插图"组   B. "开始"→"段落"组

    C. "布局"→"页面设置"组   D. "文件"→"选项"菜单命令

23. 打印一个文件的第 7 页、第 12 页，页码范围设定正确的是（   ）。

    A. 7-12   B. 7/12   C. 7,12   D. 7～12

24. 在 Word 中若要删除表格中的某单元格所在行，则应选择"删除单元格"对话框中的（   ）选项。

    A. 右侧单元格左移 B. 下方单元格上移 C. 删除整行   D. 删除整列

25. 下列关于在 Word 中拆分单元格的说法正确的是（   ）。

    A. 只能把表格拆分为多行   B. 只能把表格拆分为多列

    C. 可以拆分成设置的行列数   D. 拆分的单元格必须是合并后的单元格

26. Word 表格功能相当强大，当把插入点定位在表的最后一行的最后一个单元格时，按 Tab 键，将（   ）。

    A. 增加一个制表符空格   B. 增加新列

    C. 增加新行   D. 把插入点移入第一行的第一个单元格

27. 在选定了整个表格之后，若要删除整个表格中的内容，可执行（   ）操作。

    A. 在右键菜单中选择"删除表格"命令 B. 按 Delete 键

    C. 按 Space 键   D. 按 Esc 键

28. 在改变表格中某列宽度时不会影响其他列宽度的操作是（   ）。

    A. 直接拖动表格的右边线

    B. 直接拖动某列的左边线

    C. 拖动某列右边线的同时，按住 Shift 键

    D. 拖动某列右边线的同时，按住 Ctrl 键

29. 在 Word 中，"页码"格式是在（   ）对话框中设置。

    A. 页面设置   B. 页眉和页脚   C. 设置页码格式   D. 稿子设置

30. Word 具有分栏的功能，下列关于分栏的说法中正确的是（　　）。
    A. 最多可以设置三栏 　　　　　　　　　B. 各栏的宽度可以设置
    C. 各栏的宽度是固定的 　　　　　　　　D. 各栏之间的距离是固定的
31. 下面对 Word "首字下沉"的说法正确的是（　　）。
    A. 可设置两个字符的下层 　　　　　　　B. 可以下沉三行字的位置
    C. 最多只能下沉三行 　　　　　　　　　D. 可设置下层字符与正文的距离
32. Word 的模板文件的扩展名是（　　）。
    A. dot 　　　　　B. xlsx 　　　　　C. dotx 　　　　　D. docx
33. 如果要隐藏文档中的标尺，可以通过（　　）菜单来实现。
    A. 插入 　　　　　B. 编辑 　　　　　C. 视图 　　　　　D. 开始
34. 单击"格式刷"按钮可以进行（　　）操作。
    A. 复制文本格式 　　B. 保存文本 　　C. 复制文本 　　　D. 清除文本格式
35. Word 中的格式刷可用于复制文本或段落的格式，若要将选中的文本或段落格式重复应用多次，应（　　）。
    A. 单击格式刷 　　B. 双击格式刷 　　C. 右击格式刷 　　D. 拖动格式刷
36. 在 Word 中，输入的文字默认的对齐方式是（　　）。
    A. 左对齐 　　　　B. 右对齐 　　　　C. 居中对齐 　　　D. 两端对齐
37. "左缩进"和"右缩进"调整的是（　　）。
    A. 非首行 　　　　B. 首行 　　　　　C. 整个段落 　　　D. 段前距离
38. 修改字符间距的位置是（　　）。
    A. "段落"对话框中的"缩进与间距"选项卡
    B. 两端对齐
    C. "字体"对话框中的"高级"选项卡
    D. 分散对齐
39. 给文字加上着重符号，可通过（　　）实现。
    A. "字体"对话框 　B. "段落"对话框 　C. "字符"对话框 　D. "符号"对话框
40. 在 Word 的编辑状态下，设置纸张大小时，应当（　　）。
    A. 选择"文件"→"页面设置"菜单命令
    B. 在快速访问工具栏中单击"纸张大小"按钮
    C. 在"视图"→"页面设置"组中单击"纸张大小"按钮
    D. 在"布局"→"页面设置"组中单击"纸张大小"按钮
41. 选择文本，按 Ctrl+B 组合键后，字体会（　　）。
    A. 加粗 　　　　　B. 倾斜 　　　　　C. 加下画线 　　　D. 设置成上标
42. 在 Word 中进行"段落设置"，如果设置"右缩进 2 厘米"，则其含义是（　　）。
    A. 对应段落的首行右缩进 2 厘米
    B. 对应段落除首行外，其余行都右缩进 2 厘米
    C. 对应段落的所有行在右页边距 2 厘米处对齐
    D. 对应段落的所有行都右缩进 2 厘米
43. 在 Word 中，为文字设置上标和下标效果应在（　　）功能区中。

  A. 字体　　　　　　　B. 格式　　　　　　　C. 插入　　　　　　　D. 开始

44. 使图片按比例缩放的方法为（　　　）。

  A. 拖动中间的控制点　　　　　　　　　B. 拖动四角的控制点

  C. 拖动图片边框线　　　　　　　　　　D. 拖动边框线的控制点

45. 选择（　　　）选项卡可以实现简体中文与繁体中文的转换。

  A. 开始　　　　　　B. 视图　　　　　　C. 审阅　　　　　　D. 引用

46. 对于 Word 中表格的叙述，正确的是（　　　）。

  A. 表格中的数据可以进行公式计算　　　B. 表格中的文本只能垂直居中

  C. 表格中的数据不能排序　　　　　　　D. 只能在表格的外框画粗线

47. 为防止他人随意查看 Word 文档信息，可为文档添加密码保护，一般可通过（　　　）来实现。

  A. 选择"文件"→"信息"命令中的"保护文档"选项

  B. 将文档设置为只读文件

  C. 将文档设置为禁止编辑状态

  D. 为文档添加数字签名

48. 选择文本，在"字体"组中单击"字符边框"按钮，可（　　　）。

  A. 为所选文本添加默认边框样式　　　B. 为当前段落添加默认边框样式

  C. 为所选文本所在的行添加边框样式　　D. 自定义所选文本的边框样式

二、填空题

1. 在 Word 文档编辑区中，要删除插入点右边的字符，应该按（　　　）键。

2. 在 Word 中，按（　　　）键可以选定文档中的所有内容。

3. 在 Word 中，按（　　　）键与工具栏上的保存按钮功能相同。

4. 在 Word 中，在选定文档内容之后，单击工具栏上的"复制"按钮，是将选定的内容复制到（　　　）。

5. 在 Word 文档编辑区的下方有一横向滚动条，可对文档页面作（　　　）方向的滚动。

6. 在 Word 文档编辑区的右侧有一纵向滚动条，可对文档页面作（　　　）方向的滚动。

7. 在 Word 中，工具栏上标有软磁盘图形按钮的作用是（　　　）文档。

8. 在 Word 中，列插入是指在选定列的（　　　）边插入一列。

9. 在 Word 中，如果放弃刚刚进行的一个文档内容操作（如粘贴），只需单击工具栏上的（　　　）按钮即可。

10. 在 Word 中，如果将正在编辑的 Word 文档另存为纯文本文件，文档中原有的图形、表格的格式会（　　　）。

11. 在 Word 中，如果要调整文档中的字间距，可使用（　　　）菜单项中的"字体"命令。

12. 在 Word 中，如果要为选定的文档内容加上波浪下画线，可使用"字体"菜单项中的（　　　）命令。

13. 在 Word 中，如果要选定较长的文档内容，可先将光标定位于其起始位置，再按住（　　　）键，单击其结束位置即可。

14. 启动 Word 后，Word 建立一个新的名为（　　　）的空文档，等待输入内容。

15. 如果要将 Word 文档中的一个关键词改变为另一个关键词，需使用（　　　）菜单项中的"替换"命令。

16. Word 中如果双击左端的选定栏，就选择（　　　）。

17. Word 中拖动标尺左侧上面的倒三角可设定（　　　）。

18. Word 中拖动标尺左侧下面的小方块可设定（　　　）。

19. Word 中文档中两行之间的间隔叫（　　　）。

20. Word 中新建 Word 文档的快捷键是（　　　）。

21. Word 中，格式工具栏上标有 "U" 图形按钮的作用是使选定对象（　　　）。

22. Word 中将剪贴板中的内容插入文档中的指定位置，叫作（　　　）。

23. Word 文档默认的扩展名为（　　　）。

24. Word 对文件另存为另一新文件名，可选用 "文件" 菜单中的（　　　）命令。

25. 如果要退出 Word，最简单的方法是（　　　）。

26. 如果要在 Word 文档中寻找一个关键词，需使用 "开始" 菜单项中的（　　　）命令。

27. 在 Word 文档编辑过程中，如果先选定了文档内容，再按住 Ctrl 键并拖曳鼠标至另一位置，即可完成选定文档内容的（　　　）操作。

28. 在 Word 中，如果要对文档内容（包括图形）进行编辑，都要先（　　　）操作对象。

29. 在 Word 中，格式工具栏上标有 "B" 字母按钮的作用是使选定对象（　　　）。

30. 在 Word 中，格式工具栏上标有 "I" 字母按钮的作用是使选定对象（　　　）。

31. 在 Word 中，给选定的段落、表单元格、图文框添加的背景称为（　　　）。

32. 在 Word 中，工具栏上标有剪刀图形按钮的作用是（　　　）选定对象。

33. Word 中要使用 "字体" 对话框进行字符编排，可选择（　　　）菜单中的 "字体" 选项，打开 "字体" 对话框。

34. 将文档中一部分内容移动到别处，首先要进行的操作是（　　　）。

35. 在 Word 中删除选定表格中的整列时，可以使用 "表格工具" 菜单项中的（　　　）命令。

36. 在 Word 中为了能在打印之前看到打印后的效果，以节省纸张和重复打印花费的时间，一般可采用（　　　）的方法。

37. 在 Word 中，如果要在文档中使用项目符号和编号，需使用（　　　）菜单项中的项目符号和编号命令。

38. Word 2016 中，常见的视图模式有（　　　）、（　　　）、（　　　）、（　　　）、（　　　）。

39. 段落的对齐方式包括（　　　）、（　　　）、（　　　）、（　　　）。

三、判断题

1. 在 Word 中可将正在编辑的文档另存为一个纯文本（TXT）文件。（　　　）

2. 在 Word 中允许同时打开多个文档。（　　　）

3. 第一次启动 Word 后系统将自动创建一个空白文档，并命名为 "新文档. docx"。（　　　）

4. 使用 "文件" 菜单中的 "打开" 命令可以打开一个已存在的 Word 文档。（　　　）

5. 保存已有文档时，Word 不会有任何提示，而是直接将修改保存下来。（　　　）

6. 在默认情况下，Word 是以可读写的方式打开文档的。为了保护文档不被修改，用户可以设置以只读方式或以副本方式打开文档。（　　　）

7. 在 Word 的浮动工具栏中只能设置字体的字形、字号和颜色。（　　　）

第5章 电子表格软件 Excel 2016

5.1 实验1 工作表的创建和格式编辑

一、实验目的

（1）掌握工作表的创建、打开与编辑方法。

（2）掌握数据的输入和编辑方法。

（3）掌握系列数据的填充方法。

（4）掌握工作表及表中数据的格式化方法。

二、实验内容

（1）创建一张学生成绩表并输入相关数据。

（2）插入一个空白工作表，并设置该工作表标签的颜色。

（3）将文本文件导入工作表"初一学生档案"中。

三、实验步骤

首先要创建一张学生成绩表，输入表 5.1 所示的数据。

表 5.1　学生成绩表

学号	姓名	平时成绩	期中成绩	期末成绩	学期成绩	班级名次	期末总评
K011401		97	96	102			
K011402		99	94	101			
K011403		98	82	91			
K011404		87	81	90			
K011405		103	98	96			
K011406		96	86	91			
K011407		109	112	104			
K011408		81	71	88			
K011409		103	108	106			
K011410		95	85	89			
K011411		90	94	93			
K011412		83	96	99			

1．启动 Excel 2016

下面介绍较常用的两种启动 Excel 2016 的方法。

（1）单击"开始"按钮，选择"程序"→"Microsoft Excel 2016"选项或选择"程序"→"Microsoft Office 2016"→"Microsoft Excel 2016"选项。

（2）在 Windows 的桌面上直接双击"Microsoft Excel 2016"快捷图标。

2．创建一个 Excel 工作簿文件

启动 Excel 2016 应用程序，进入 Excel 2016 的窗口，系统默认生成一个工作簿，双击工作表标签 Sheet1，输入新的工作表名称"语文"，按 Enter 键确认后即可将工作表 Sheet1 重命名（也可用鼠标右键单击 Sheet1 工作表标签，在弹出的快捷菜单中选择"重命名"命令完成）。

3．数据输入

（1）根据表的内容，先在第一行输入表头。第一行从 A1 单元格开始依次输入学号、姓名、平时成绩、期中成绩、期末成绩、学期成绩、班级名次、期末总评。

（2）双击 A2 单元格，确认输入法处于半角英文标点符号状态，输入"K011401"，按 Enter 键。如果想输入的数字（如"01"）是文本形式，可以输入"01"前先输入一个单引号，即输入"'01"，输入后可看到该单元格左上角出现了绿色的三角标志，表明此单元格输入的是数字文本字符（非数值数据）。

（3）单击 A2 单元格，将指针指向单元格右下角的填充柄，当其变为"+"形状时，单击并向下拖动到 A13 单元格，松开鼠标左键，完成自动填充。然后在 C2:E13 单元格区域中输入平时成绩、期中成绩和期末成绩，结果如图 5.1 所示。

在"语文"工作表标签上单击鼠标右键，在弹出的快捷菜单中选择"移动或复制"选项，打开"移动或复制工作表"对话框（见图 5.2），在"下列选定工作表之前"列表中选择要将工作表移动到的位置，然后勾选"建立副本"复选框，单击"确定"按钮，就起到复制的作用，将复制的工作表重命名为"数学"，清除原有成绩，输入相应数据。

学号	姓名	平时成绩	期中成绩	期末成绩	学期成绩	班级名次	期末总评
K011401		97	96	102			
K011402		99	94	101			
K011403		98	82	91			
K011404		87	81	90			
K011405		103	98	96			
K011406		96	86	91			
K011407		109	112	104			
K011408		81	71	88			
K011409		103	108	106			
K011410		95	85	89			
K011411		90	94	93			
K011412		83	92	99			

图 5.1　数据输入

图 5.2　"移动或复制工作表"对话框

按照上述方法创建存放各门功课的工作表，并输入相应各科成绩。然后创建一个工作表叫作"期末总成绩"，其中样式如图 5.3 所示。

图 5.3　"期末总成绩"工作表

选中数据区域单元格,单击"开始"选项卡下"样式"组中的"套用表格格式"下拉按钮,在弹出的下拉菜单中选择一种样式。

4.　插入工作表

在前面创建的工作簿最左侧插入一个空白工作表,重命名为"初一学生档案",并将该工作表标签颜色设为"紫色(标准色)"。

(1)用鼠标右键单击"语文"工作表标签,在弹出的快捷菜单中选择"插入"命令,在打开的"插入"对话框中,选择"工作表"选项,单击"确定"按钮。

(2)双击新插入的工作表标签,将其重命名为"初一学生档案"。用鼠标右键单击该工作表标签,在弹出的快捷菜单中选择"工作表标签颜色",在弹出的级联菜单中选择标准色中的"紫色"。

5.　导入数据

如图 5.4 所示,将以制表符分隔的文本文件"学生档案.txt",自 A1 单元格开始导入工作表"初一学生档案"中,注意不得改变原始数据的排列顺序。将第 1 列数据从左到右依次分成"学号"和"姓名"两列显示。最后创建一个名为"档案",且包含数据区域 A1:G56 和标题的表,同时删除外部链接。

图 5.4　学生档案

(1)选中 A1 单元格,单击"数据"选项卡下"获取外部数据"组中的"自文本"按钮,弹出"导入文本文件"对话框,在该对话框中选择"学生档案 txt"选项,然后单击"导入"按钮。

(2)在弹出的图 5.5 所示的对话框中选择"分隔符号"单选按钮,将"文件原始格式"设置为"54936:简体中文(GB18030)"。单击"下一步"按钮。

在图 5.6 所示的对话框中,只勾选"分隔符号"区域中的"Tab 键"复选框。然后单击"下一步"按钮。

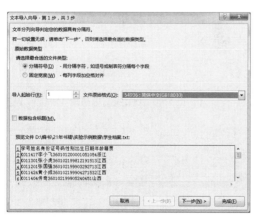

图 5.5　设置文件格式

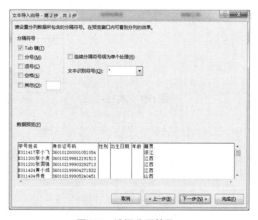

图 5.6　选择分隔符号

在图 5.7 所示表中选中"身份证号码"列,然后选择"文本"单选按钮,单击"完成"按钮。在弹出的对话框中保持默认设置,单击"确定"按钮,可以看到在表中已经把数据导入成功了。

(3)选中 B 列单元格,单击鼠标右键,在弹出的快捷菜单中选择"插入"选项。选中 A1 单元格,将光标置于"学号"和"名字"之间,按 3 次空格键,然后选中 A 列单元格,单击"数据工具"组中的"分列"按钮,在弹出的图 5.8 所示对话框中选择"固定宽度"单选按钮,单击"下一步"按钮。

(4)建立分列线,如图 5.9 所示。首先设置字段宽度(列间隔)。有箭头的垂直线称为分列线。

如果要建立分列线，可在要建立分列线处单击鼠标；要清除分列线，双击分列线即可；要移动分列线位置，用鼠标指针按住分列线并拖至指定位置。

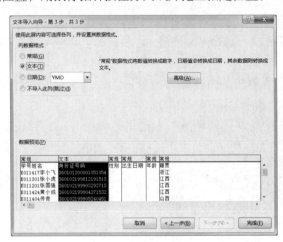

图 5.7　选择文本类型　　　　　　　　　　　　图 5.8　选择固定宽度

（5）单击"下一步"按钮，在图 5.10 中设置列数据格式，保持默认设置"常规"，单击"完成"按钮。

图 5.9　建立分列线　　　　　　　　　　　　　图 5.10　设置列数据格式

（6）选中 A1:G56 单元格，单击"开始"选项卡下"样式"组中的"套用表格格式"下拉按钮，在弹出的下拉菜单中选择一种样式。

（7）在弹出的图 5.11 所示对话框中勾选"表包含标题"复选框，单击"确定"按钮，然后在弹出的对话框中选择"是"按钮。在"设计"选项卡"属性"组中将"表名称"设置为"档案"。

四、上机实验

图 5.11　套用表格格式

根据"素材 xlsx"文件，完成学生期末成绩分析表的制作。具体要求如下。

（1）将"素材.xlsx"另存为"成绩分析.xlsx"，所有的操作基于此新保存好的文件，"工程 1""工程 2""工程 3""工程 4"工作表中数据项相同，所有成绩可以自行输入。工作表样式如图 5.12 和 5.13 所示。

2021级工程一班期末成绩单											
学号	姓名	性别	籍贯	英语	体育	计算机	建筑工程	制图	高等数学	电路	大学语文
2101001	测试101	男	江西	89.3	79.6	87.4	91.9	87	77.3	93.6	75.1
2101002	测试102	女	浙江	84.6	77.1	81.1	86.8	93.5	76.6	89.6	83.8
2101003	测试103	女	江西	83.6	81.8	79.7	88.1	86.3	87.2	88.6	85
2101004	测试104	女	江西	93.2	84.5	82.5	87.9	76.5	80.8	87.6	82.3
2101005	测试105	男	浙江	91.6	70.1	82.5	84.4	80.8	87.6	82.3	83.9
2101006	测试106	女	江西	85.6	71.8	80.4	76.5	80.8	86.3	83.6	86
2101007	测试107	女	广东	82.6	78.8	75.5	80.9	91.5	85.6	80.5	86
2101008	测试108	男	江西	83.6	58.4	80.4	76.5	91.6	70.1	82.5	84.4
2101009	测试109	男	广东	86.6	82.8	87.4	85.1	85.6	71.8	80.4	76.5
2101010	测试110	女	江西	88.6	77.1	77.6	87.8	82.6	78.8	75.5	80.9
2101011	测试111	女	江西	87.3	75.1	82.5	73	83.6	58.4	80.4	76.5
2101012	测试112	男	广东	86.3	84.2	90.5	80.8	86.6	82.8	87.4	85.1
2101013	测试113	女	广东	75.4	86.2	89.1	71.7	88.6	77.1	77.6	87.8
2101014	测试114	男	江西	75.7	53.4	77.2	74.4	87.3	75.1	82.5	73
2101015	测试115	女	湖南	87.6	90.6	82.1	87.2	92.6	84.1	83.2	88.6
2101016	测试116	男	湖南	79.4	91.9	87	77.3	93.6	75.1	81.8	94.6
2101017	测试117	女	湖南	85.2	86.8	93.5	76.6	89.6	83.8	81.1	88.1
2101018	测试118	女	江西	83.1	88.1	86.3	87.2	88.6	85	83.2	92.9
2101019	测试119	女	江西	93	87.9	76.5	80.8	87.6	82.3	83.9	88.7
2101020	测试120	女	江西	82.8	90	80.7	80.8	86.3	83.6	86	92.2

工程1　工程2　工程3　工程4　总体情况表

图 5.12　学生成绩表

A	B	C	D	E	F	G	H	I	J	K	L	M
2021级工程专业班级期末成绩总体情况表												
学号	姓名	英语	体育	计算机	建筑工程	制图	高等数学	电路	大学语文	心理学	平均分	排名
工程一												
工程二												
工程一												
工程二												
总平均分												

工程1　工程2　工程3　工程4　总体情况表

图 5.13　总体情况表

（2）在“工程 1”“工程 2”“工程 3”“工程 4”工作表中表格内容的右侧，分别按序插入“总分”“平均分”“班内排名”列；并在这四个工作表表格内容的最下面增加“平均分”行。所有列的对齐方式设为居中，其中“班内排名”列数值格式为整数，其他成绩统计列的数值均保留 1 位小数。

（3）为“工程 1”“工程 2”“工程 3”“工程 4”工作表内容套用“表样式中等深浅 15”的表格格式，并设置表包含标题。

5.2　实验 2 公式与函数的使用

一、实验目的

（1）掌握公式的编辑和使用方法。

（2）掌握工作表和单元格数据的复制方法。

（3）了解 Excel 的函数，掌握常用函数的使用方法。

二、实验内容

（1）根据身份证信息填写工作表中性别、出生日期和年龄信息。

（2）根据要求计算每个学生的学期成绩，并按成绩由高到低的顺序统计每个学生的学期成绩排名。

（3）将工作表“语文”的格式全部应用到其他科目工作表中。

（4）将“学期成绩”引入“期末总成绩”中，并计算“期末总成绩”中各科的平均分和学生的总分并排名。

（5）在期末总成绩中标出各科第一名成绩和总分前 10 名的成绩。

三、实验步骤

（1）在工作表“初一学生档案”中，依次输入每个学生的性别“男”或“女”，出生日期（格式

为 "××××年××月××日"）和年龄。

① 函数介绍。

我们知道，身份证号的倒数第 2 位用于判断性别，奇数为男性，偶数为女性；身份证号的第 7～14 位代表出生年月日。年龄需要按周岁计算。满 1 年才计 1 岁。

因此，数据的填写不需要一个个输入，可以通过函数来完成。

- Excel 中 IF 函数就是做逻辑判断。格式如下：

```
IF(Logical_test,[Value_if_true],[Value_iffalse])
```

主要功能：如果指定条件的计算结果为 TRUE，IF 函数返回一个值；计算结果为 FALSE，IF 函数返回另一个值。

参数说明如下。

Logical 是必需的参数。指定的判断条件。

Value_if true 是必需的参数。计算结果为 TRUE 时返回的内容，如果忽略则返回 "TRUE"。

Value_if false 是必需的参数。计算结果为 FALSE 时返回的内容，如果忽略则返回 "FALSE"。

应用举例：=IF（C2>=60,"及格","不及格"），表示如果 C2 单元格中的数值大于或等于 60，则显示 "及格" 字样，反之显示 "不及格" 字样。

如果按等级来判断某个变量，IF 函数的格式如下：

```
IF(E2>=85,"优",IF(E2>=75,"良", IF(E2>=60,"及格","不及格")))
```

函数从左向右执行。首先计算 E2>=85，如果该表达式成立，则显示 "优"，如果不成立就继续计算 E2>=75；如果该表达式成立，则显示 "良"，否则继续计算 E2>=60；如果该表达式成立，则显示 "及格"，否则显示 "不及格"。

- MOD 函数是一个求余数函数，返回两数相除的余数。MOD 函数在 Excel 中一般不单独使用，经常和其他函数组合起来使用。格式如下：

```
MOD(number,divisor)=MOD(被除数,除数)
```

- MID 函数的主要功能是从一个文本字符串的指定位置开始，截取指定数目的字符。格式如下：

```
MID(text,start_num,num_chars)
```

参数说明：text 代表一个文本字符串；start_num 表示指定的起始位置；num_chars 表示要截取的数目。假定 A47 单元格中保存了 "我喜欢计算机" 的字符串，在 C47 单元格中输入公式：=MID(A47,4,3)，确认后即显示出 "计算机" 的字符。

选中 D2 单元格，在该单元格内输入函数 "=IF(MOD(MID(C2,17,1)r,2)r=1,"男","女")r"，按 Enter 键完成操作，然后利用自动填充功能对其他单元格进行填充。

- INT 函数用于将数字向下舍入到最接近的整数。其格式如下：

```
INT(number)
```

number 为数值或单元格引用。

② 选中 E2 单元格，在该单元格内输入公式 "=MID(C2,7,4)&"年"&MID(C2,11,2)&"月"&MID(C2,13,2)&"日""，按 Enter 键完成操作，利用自动填充功能对剩余的单元格进行填充。

③ 选中 F2 单元格，在该单元格内输入公式 "=INT((TODAY()-E2)/365)"，按 Enter 键完成操作，然后利用自动填充功能对剩余的单元格进行填充。

④ 插入一列 "班级"，并输入相应数据。

⑤ 选中 A1:G56 区域，单击 "开始" 选项卡下 "对齐方式" 组中的 "居中" 按钮。适当调整表格的行高和列宽，结果如图 5.14 所示。

（2）参考工作表"初一学生档案"，在工作表"语文"中输入与学号对应的"姓名"：按照平时、期中、期末成绩各占 30%、30%、40%的比例计算每个学生的"学期成绩"并填入相应单元格中，按成绩由高到低的顺序统计每个学生的"学期成绩"排名，并按"第 n 名"的形式填入"班级名次"列中，按照表 5.2 的条件填写"期末总评"。

学号	姓名	身份证号码	性别	出生日期	年龄	籍贯	班级
K011417	李小飞	360101200001051054	男	2000年01月05日	21	浙江	小一班
K011301	张小虎	360102199812191513	男	1998年12月19日	22	江西	小二班
K011201	张国强	360102199903292713	男	1999年03月29日	21	江西	小二班
K011424	黄小成	360102199904271532	男	1999年04月27日	21	江西	小二班
K011404	传奇	360102199905240451	男	1999年05月24日	21	山西	小三班
K036001	孙小军	360102199905281913	男	1999年05月28日	21	江西	小二班
K011422	李工晨	360103199903040920	女	1999年03月04日	22	江西	小一班
K011425	赵江江	360103199903270623	女	1999年03月27日	21	江西	小三班
K011401	钱子文	360103199904290936	男	1999年04月29日	21	江西	小一班

图 5.14　填写数据

表 5.2　期末总评表

语文、数学的学期成绩/分	其他科目的学期成绩/分	期末总评
≥102	≥90	优秀
≥84	≥75	良好
≥72	≥60	及格

① 函数介绍。

● VLOOKUP 函数是 Excel 中的一个纵向查找函数，它与 LOOKUP 函数和 HLOOKUP 函数属于一类函数，在工作中都有广泛应用，例如可以用来核对数据，多个表格之间快速导入数据等。VLOOKUP 函数的功能是按列查找，最终返回该列所需查询序列所对应的值；与之对应的 HLOOKUP 是按行查找。

该函数的语法规则如下：

```
VLOOKUP(lookup_value,table_array,col_index_num,range_lookup)
```

参数说明如下。

lookup_value 为需要在数据表第一列中进行查找的数值，可以为数值、引用或文本字符串。当 VLOOKUP 函数第一参数省略查找值时，表示用 0 查找。

table_array 为需要在其中查找数据的数据表。使用对区域或区域名称的引用。

col_index_num 为 table_array 中查找数据的数据列序号。col_index_num 为 1 时，返回 table_array 第一列的数值，col_index_num 为 2 时，返回 table_array 第二列的数值，以此类推。如果 col_index_num 小于 1，函数 VLOOKUP 返回错误值"#VALUE!"；如果 col_index_num 大于 table_array 的列数，函数 VLOOKUP 返回错误值"#REF!"。

range_lookup 为逻辑值，指明函数 VLOOKUP 查找时是精确匹配，还是近似匹配。如果为 FALSE 或 0，则返回精确匹配，如果找不到，则返回错误值"#N/A"。如果 range_lookup 为 TRUE 或 1，函数 VLOOKUP 将查找近似匹配值，也就是说，如果找不到精确匹配值，则返回小于 lookup_value 的最大数值。应注意 VLOOKUP 函数在进行近似匹配时的查找规则是从第一个数据开始匹配，没有匹配到一样的值就继续与下一个值进行匹配，直到遇到大于查找值的值，此时返回上一个数据（近似匹配时应对查找值所在列进行升序排列）。如果 range_lookup 省略，则默认为 1。

● SUM 函数是求和函数。它是 Excel 函数中常用的函数之一，SUM 函数分别出现在数学函数、全部函数两个类别中，默认的"常用函数"中也有。

SUM 函数的语法形式为：

```
SUM(number1,number2,...)
```

函数的语法中 number1、number2 等参数，最多可有 30 个。它们既可以是数字，也可以是逻辑值、表达式、单元格名称、连续单元格的集合、单元格区域名称，并且以上所列类别将会被计算。

- RANK 函数返回一个数在一组数中的排名位置。语法如下：

```
RANK(number,ref,order)
```

number：为需要找到排位的数字。

ref：为数字列表数组或对数字列表的引用。ref 中的非数值型参数将被忽略。

order：为一个数字，指明排位的方式。如果 order 为 0（零）或省略，Excel 对数字的排位是基于 ref 为按照降序排列的列表。如果 order 不为零，Excel 对数字的排位是基于 ref 为按照升序排列的列表。

函数 RANK 对重复数的排位相同，但重复数的存在将影响后续数值的排位。例如，在一列按升序排列的整数中，如果整数 10 出现两次，其排位为 5，则 11 的排位为 7（没有排位为 6 的数值）。

② 进入“语文”工作表中，选择 B2 单元格，在该单元格内输入函数“=VLOOKUP（A2,初一学生档案!$A$2:$B$56,2,0）”，按 Enter 键完成操作，利用自动填充功能对其他单元格进行填充。

③ 选择 F2 单元格，在该单元格中输入函数“=SUM(C2*30%)+(D2*30%)+(E2*40%)”，按 Enter 键确认操作。

④ 选择 G2 单元格，在该单元格内输入函数“="第"&RANK(F2,$F$2:$F$45)&"名"”，然后利用自动填充功能对其他单元格进行填充。

⑤ 选择 H2 单元格，在该单元格中输入公式“=IF(F2>=102,"优秀",IF(F2>=84,"良好",IF(F2>=72,"及格","不及格"))”，按 Enter 键完成操作，然后利用自动填充功能对其他单元格进行填充，如图 5.15 所示。

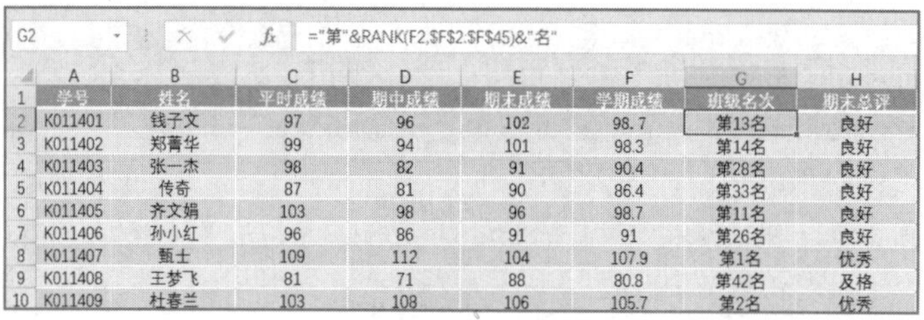

	A	B	C	D	E	F	G	H
1	学号	姓名	平时成绩	期中成绩	期末成绩	学期成绩	班级名次	期末总评
2	K011401	钱子文	97	96	102	98.7	第13名	良好
3	K011402	郑菁华	99	94	101	98.3	第14名	良好
4	K011403	张一杰	98	82	91	90.4	第28名	良好
5	K011404	传奇	87	81	90	86.4	第33名	良好
6	K011405	齐文娟	103	98	96	98.7	第11名	良好
7	K011406	孙小红	96	86	91	91	第26名	良好
8	K011407	甄士	109	112	104	107.9	第1名	优秀
9	K011408	王梦飞	81	71	88	80.8	第42名	及格
10	K011409	杜春兰	103	108	106	105.7	第2名	优秀

图 5.15 数据处理结果

（3）将工作表“语文”的格式全部应用到其他科目工作表中，包括行高（各行行高默认为 22）和列宽（各列列宽默认为 14）。并按上述的要求依次输入或统计其他科目的“姓名”“学期成绩”“班级名次”和“期末总评”。

① 选择“语文”工作表中 A1:H45 单元格区域，按 Ctrl+C 组合键进行复制，进入“数学”工作表中，选择 A1:H45 区域，单击鼠标右键，在弹出的快捷菜单中选择“粘贴选项”下的“格式”按钮，如图 5.16 所示。

② 继续选择“数学”工作表中的 A1:H45 区域，单击“开始”选项卡下“单元格”组中的“格式”下拉按钮，在弹出的下拉列表中选择“行高”选项，如图 5.17 所示，在弹出的对话框中将“行高”设置为 22，单击“确定”按钮。再单击“格式”下拉按钮，在弹出的下拉列表中选择“列宽”选项，在弹出的对话框中将“列宽”设置为 14，单击“确定”按钮。

③ 使用同样的方法为其他科目的工作表设置相同的格式，包括行高和列宽。

④ 将“语文”工作表中的公式粘贴到数学科目工作表中的对应的单元格内，然后利用自动填充功能对单元格进行填充。

⑤ 在“英语”工作表中的 H2 单元格中输入公式“=IF(F2>=90,"优秀",IF(F2>=75,"良好",IF(F2>-60,"及格","不及格")))”，按 Enter 键完成操作，然后利用自动填充对其他单元格进行填充。

图 5.16　"选择"格式按钮　　　　　　　　　　图 5.17 选择行高列宽

⑥ 将"英语"工作表 H2 单元格中的公式粘贴到"物理""化学""品德""历史"工作表中的 H2 单元格中，然后利用自动填充功能对其他单元格进行填充。

（4）分别将各科的"学期成绩"引入工作表"期末总成绩"的相应列中。在工作表"期末总成绩"中依次引入姓名、计算各科的平均分、每个学生的总分，并按成绩由高到低的顺序统计每个学生的总分排名。并以 1，2，…标识名次，最后将所有成绩的数字格式设为数值、保留两位小数。

① 进入"期末总成绩"工作表中，选择 B3 单元格，在该单元格内输入公式"=VLOOKUP(A3,初一学生档案!$A$2:$B$56,2,0)"，按 Enter 键完成操作，然后利用自动填充功能将其填充至 B46 单元格。

② 选择 C3 单元格，在该单元格内输入公式"=VLOOKUP(A3,语文!$A$2:$F$45,6,0)"，按 Enter 键完成操作，然后利用自动填充功能将其填充至 C46 单元格。

③ 选择 D3 单元格，在该单元格内输入公式"=VLOOKUP(A3,数学!$A$2:$F$45,6,0)"，按 Enter 键完成操作，然后利用自动填充功能将其填充至 D46 单元格。

④ 使用相同的方法为其他科目填充平均分。选择 J3 单元格，在该单元格内输入公式"=SUM(C3:I3)"，按 Enter 键，然后利用自动填充功能将其填充至 J46 单元格。

⑤ 选择 K3 单元格，在该单元格内输入公式"=RANK(J3,$J$3:$J$46,0)"，按 Enter 键完成操作，然后利用自动填充功能将其填充至 K46 单元格。

⑥ 选择 C47 单元格，在该单元格内输入公式"=AVERAGE(C3:C46)"，按 Enter 键完成操作，利用自动填充功能将其填充至 J47 单元格。

⑦ 选择 C3:J47 单元格，在选择的单元格内单击鼠标右键，在弹出的快捷菜单中选择"设置单元格格式"选项。在弹出的图 5.18 所示的对话框中选择"数字"选项卡，将"分类"设置为"数值"，将"小数位数"设置为 2，单击"确定"按钮。

图 5.18　设置小数点位数

（5）在工作表"期末总成绩"中分别用红色（标准色）和加粗格式标出各科第一名成绩，同时将前10名的总分成绩用浅蓝色填充。

① 选择 C3:C46 单元格，单击"开始"选项卡下 "样式"组中的 "条件格式"按钮，在弹出的下拉列表中选择"新建规则"选项，在弹出的图 5.19 所示的对话框中将"选择规则类型"设置为"仅对排名靠前或靠后的数值设置格式"，然后将"编辑规则说明"设置为"前""1"。

② 单击"格式"按钮，在弹出的图 5.20 所示的对话框中将"字形"设置为加粗，将"颜色"设置为标准色中的"红色"，单击两次"确定"按钮。按同样的操作方式为其他六科分别用红色和加粗标出各科第一名成绩。

图 5.19　新建格式规则　　　　　　　　　　　　图 5.20　设置字体

③ 选择 J3:J46 单元格，单击"开始"选项卡下 "样式"组中的"条件格式"按钮，在弹出的下拉列表中选择"新建规则"选项。在弹出的对话框中将"选择规则类型"设置为"仅对排名靠前或靠后的数值设置格式"，然后将"编辑规则说明"设置为"前""10"。

④ 单击"格式"按钮，在弹出的对话框中切换到"填充"选项卡，将"背景色"设置为标准色中的"浅蓝"，单击两次"确定"按钮。

四、上机实验

（1）在"工程1""工程2""工程3""工程4"工作表中，利用公式分别计算"总分""平均分""班内排名"列的值和最后一行"平均分"的值。对学生成绩不及格（小于 60 分）的单元格突出显示为"橙色（标准色）填充色，红色（标准色）文本"格式。

（2）在"总体情况表"工作表中，更改工作表标签为红色，并将工作表内容套用"表样式中等深浅 15"的表格格式，设置表包含标题；将所有列的对齐方式设为居中；并设置"排名"列数值格式为整数，其他成绩列的数值格式保留 1 位小数。

（3）在"总体情况表"工作表 B3:J6 单元格区域内，计算并填充各班级每门课程的平均成绩，再计算"总分""平均分""总平均分""排名"所对应单元格的值。

（4）将该文件中所有工作表的第一行根据表格内容合并为一个单元格，并改变默认的字体、字号，使其成为当前工作表的标题。

（5）将上述操作的结果保存为"成绩分析.xlsx"文件。

5.3 实验 3 表格数据的管理

一、实验目的

（1）掌握数据排序和筛选的方法。
（2）掌握分类汇总的方法。
（3）掌握数据透视表的使用方法。

二、实验内容

（1）对"初一学生档案"数据进行单关键字和多关键字排序。
（2）筛选出表中男性记录数据，并筛选出姓孙或名字最后一个字为"飞"的学生数据。
（3）筛选出年龄大于 22 岁或小二班的河南籍的学生数据。
（4）将"初一学生档案"中的数据按"班级"分类，并汇总"年龄"的平均值。
（5）建立数据透视表，将"班级""性别"和"籍贯"作为报表筛选项，求"年龄"的平均值。

三、实验步骤

（1）在"初一学生档案"工作表中，对"出生日期"列实现单关键字升序排序，然后对"班级"列按笔画升序、"学号"降序实现多关键字排序。

① 打开"初一学生档案"工作表，单击"出生日期"所在列包含数据的任意单元格，单击"开始"选项卡"编辑"组中的"排序和筛选"按钮，在下拉菜单中选择"升序"命令，完成排序，结果如图 5.21 所示。

② 如需要按多个关键字段进行复杂排序，或者只对数据清单的部分数据区域进行复杂排序，则需要执行"数据"数据卡中的"排序"命令，打开图 5.22 所示的"排序"对话框。

图 5.21 按出生日期升序排序   图 5.22 多条件排序

选择主关键字为"班级"的升序，单击"添加条件"按钮，选择次关键字"学号"降序。

在默认情况下 Excel 会根据"主要关键字"升序排序。当选择多个排序关键字时（最多 3 个），首先按"主要关键字"（必须指定的关键字）进行排序，当两条以上记录的主要关键字的值相同时，再根据"次要关键字"进行排序，当次要关键字段值又相同时，再根据"第三关键字"进行排序。若所有关键字的值都相同时，则原来行号小的记录排列在前面。需要说明的是对于汉字，默认按照汉字的拼音字母次序排序。

（2）在"初一学生档案"工作表中完成自动筛选，筛选出表中性别为男性的数据，并筛选出表中姓孙或名字最后一个字为"飞"的学生数据。

① 选中表格编辑区域任意单元格，在"数据"选项卡"排序和筛选"组中单击"筛选"按钮，则可以在表格所有列标识上添加筛选下拉按钮，如图 5.23 所示。

序号	学号	姓名	身份证号码	性别	出生日期	年龄	籍贯	班级
001	K036003	苏	升序(S)		1999年04月23日	21	河南	小二班
002	K036002	毛	降序(O)		1999年08月07日	21	安徽	小二班
003	K036001	孙	按颜色排序(T)		1999年05月28日	21	江西	小二班
004	K013601	徐	从"性别"中清除筛选(C)		1999年03月29日	21	陕西	小二班
005	K011442	孙	按颜色筛选(I)		1999年10月13日	21	江西	小二班
006	K011441	孙	文本筛选(F)		1998年10月23日	22	江西	小二班
007	K011440	方	搜索		1998年10月05日	22	河北	小二班
008	K011437	秋	☑(全选)		1999年05月17日	21	河南	小二班
009	K011434	图	☑男		2000年01月11日	21	江西	小二班
010	K011433	王	☑女		1998年10月01日	22	云南	小二班
011	K011430		确定 取消		1999年05月06日	21	山西	小二班

图 5.23　筛选

② 单击"性别"这个要进行筛选的字段右侧按钮，可以看到下拉菜单中显示了表格包含男和女。取消"全选"复选框，选中要查看的性别，此处选中"男"，单击"确定"按钮，如图 5.24 所示，可筛选出所有满足条件的记录。

学号	姓名	身份证号码	性别	出生日期	年龄	籍贯	班级
K036003	苏大强	360107199904230930	男	1999年04月23日	21	河南	小二班
K036001	孙小军	360102199905281913	男	1999年05月28日	21	江西	小二班
K013601	徐鹏飞	360106199903293913	男	1999年03月29日	21	陕西	小二班
K011442	孙志敏	360223199910136635	男	1999年10月13日	21	江西	小二班
K011440	方天宇	360105199810054517	男	1998年10月05日	22	河北	小二班
K011437	秋林林	360106199905174819	男	1999年05月17日	21	河南	小二班

图 5.24　筛选男生

③ 设置了数据筛选后，如果想还原原始数据表，需要取消设置的筛选条件，进行下一个任务的筛选。单击设置了筛选的列标识右侧下拉按钮，在打开的下拉菜单中选择"从'性别'中删除筛选"选项即可，如图 5.25 所示。

序号	学号	姓名	身份证号码	性别	出生日期	年龄	籍贯	班级
001	K036003	苏	升序(S)		1999年04月23日	21	河南	小二班
003	K036001	孙	降序(O)		1999年05月28日	21	江西	小二班
004	K013601	徐	按颜色排序(T)		1999年03月29日	21	陕西	小二班
005	K011442	孙	从"性别"中清除筛选(C)		1999年10月13日	21	江西	小二班

图 5.25　取消筛选

单击"姓名"单元格中的下三角按钮，选择"文本筛选"中的"自定义筛选"命令，按图 5.26 设置自定义筛选条件，筛选出表中姓"孙"或名字最后一个字为"飞"的学生数据。

图 5.26　自定义筛选

（3）筛选出年龄大于 22 岁或小二班的河南籍学生的数据，并将筛选结果复制到本工作表中 A58 起始的单元格区域。

高级筛选也是对数据清单进行的一种筛选，它的筛选条件设定在工作表的条件区域。高级筛选可以设定比较复杂的筛选条件，并且可以直接将符合条件的记录复制到当前工作表的其他空白位置。

执行高级筛选操作前，首先要设定条件区域，该区域应该与数据清单保持一定的距离。条件区域至少为两行，第一行为字段名，第二行及以下各行为筛选条件。

用户可以定义一个或多个条件。如果在两个字段下面的同一行输入条件，系统将按"与"条件处理；如果在不同行中输入条件，则按"或"条件处理。

① 首先选择执行"数据"选项卡"排序和筛选"组中的"高级"命令，弹出"高级筛选"对话框，如图 5.27 所示。

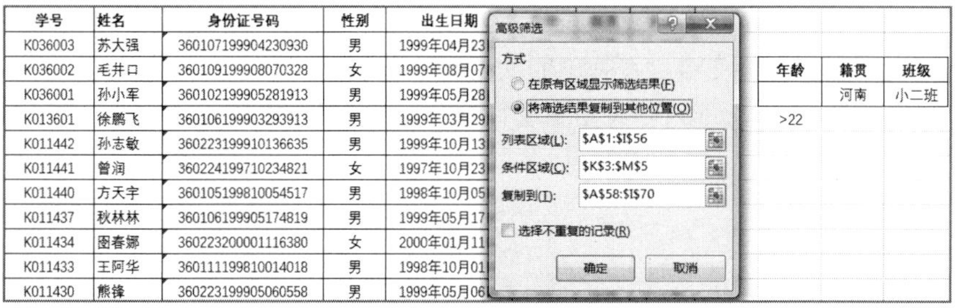

图 5.27　高级筛选

② 在"列表区域"栏，单击右侧的折叠对话框按钮并选择要筛选的数据区域，再单击展开对话框按钮返回"高级筛选"对话框；或直接输入要筛选的数据区域。本例的数据区域为 A1:I56。

③ 在"条件区域"栏，在工作表中建立筛选条件，在 K3:M5 区域建立筛选条件，注意条件的表达方法。

④ 在"复制到"栏，选中"将筛选结果复制到其他位置"单选按钮，则筛选结果将显示在指定的数据位置，此处选择 A58:I70。注意选择显示结果的区域要足够大到能显示所有的筛选结果。最后结果如图 5.28 所示。

图 5.28　高级筛选结果

（4）在素材文件的"初一学生档案"工作表中完成，将"初一学生档案"中的数据按照"班级"分类，并汇总"年龄"的平均值，汇总结果显示在数据下方。

汇总一定是对数值数据进行计算的过程。分类汇总是按照指定分类列、汇总列和汇总方式，把数据表数据按照类别进行分别汇总，产生局部汇总数据和总计数据。如何根据需求确定分类列、汇总列和汇总方式是分类汇总操作的关键。分类列是指按什么字段进行分类，汇总列就是要汇总的数据项，汇总方式最常用的是"求和"，也可求平均值、最大值、最小值。特别还可以分类统计个数。分类汇总前必须按分类字段排序或已经有序，否则分类汇总的结果不可信。

在"数据"选项卡的"分级显示"下拉列表中，"分类汇总"按钮是灰色的，用不了，这是为什么呢？

观察数据表，看是否使用了套用表格格式，为了表格美观，前面使用了表格格式，会造成分类汇总无权限进行操作。

① 在"表格工具-设计"选项卡的"工具"组中，选择"转换为区域"选项，如图 5.29 所示。在弹出的"是否将表转换为普通区域"窗口中，单击"是"按钮，如图 5.30 所示。

图 5.29 "转换为区域"选项

选择数据区域，单击鼠标右键，在弹出的快捷菜单中选择"设置单元格格式"，在弹出的对话框中把工作表的背景色选择为"无颜色"，如图 5.31 所示，这个操作的目的是让文字显示更清晰，读者操作时这一步可以忽略。

图 5.30 转换为普通区域

图 5.31 改变背景色

在本例中，要统计出各个班的平均年龄，则首先要按"班级"字段进行排序，然后进行分类汇总设置。

② 要按"班级"字段进行排序。选中"班级"列中任意单元格，单击"数据"选项卡"排序和筛选"组中的"降序"按钮进行排序。

③ 分类汇总设置。在"分级显示"选项组中单击"分类汇总"按钮，打开"分类汇总"对话框，在"分类字段"框中选中"班级"选项，在"选定汇总项"列表框中选中"年龄"复选框，汇总方式选择"平均值"，设置完成后，单击"确定"按钮。

可将表格中以"班级"排序后的年龄记录进行分类汇总，并显示分类汇总后的结果（汇总项为"年龄"），如图 5.32 所示。

如果希望回到数据清单分类汇总之前的初始状态，只需在"分类汇总"对话框中单击"全部删除"按钮，再单击"确定"按钮即可。

从图 5.33 所示数据清单的左侧可以看出分类汇总后的数据分为 3 个层级，1 级最

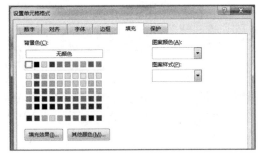

图 5.32 设置分类汇总项

高，3 级最低。单击相应的层级号（如 2），则显示该层级及其以上层级的数据。单击隐藏明细数据标记 **—** 可以隐藏该行层级所指定的明细数据，同时 **—** 变为 **+**。单击显示明细数据标记 **+** 可以显示出该行层级所指定的明细数据，同时 **+** 变为 **—**。前面分类汇总的数据清单，默认显示所有 3 个层级的数据。

	学号	姓名	身份证号码	性别	出生日期	年龄	籍贯	班级
1								
16						21.14286		小一班 平均值
17	K011404	传奇	360102199905240451	男	1999年05月24日	21	山西	小三班
18	K011425	赵江江	360103199903270623	女	1999年03月27日	21	江西	小三班
19	K011439	江分伟	360103199908171548	女	1999年08月17日	21	湖北	小三班
20	K011411	张杰	360104199903051216	男	1999年03月05日	22	江西	小三班
21	K010901	谢如雪	360105199807142140	女	1998年07月14日	22	江西	小三班
22	K011426	齐飞扬	36022420001280026	女	2000年01月28日	21	天津	小三班
23	K011408	王梦飞	360226199904111420	女	1999年04月11日	21	江西	小三班
24	K011438	飞虎	360226199908090053	男	1999年08月09日	21	江西	小三班
25	K011431	李安安	360229199909011331	男	1999年09月01日	21	江西	小三班
26	K011419	刘卫红	150404199909074122	女	1999年09月07日	21	江西	小三班
27	K011436	朝阳	36010519990531542X	女	1999年05月31日	21	江西	小三班
28						21.18182		小三班 平均值
59						21.43333		小二班 平均值
60						21.30909		总计 平均值
61								

图 5.33　分类汇总结果

（5）利用"初一学生档案"工作表中的数据建立数据透视表。按"班级""性别"和"籍贯"作为报表筛选项，求"年龄"的平均值。

数据透视表是一种可以快速汇总大量数据的交互式方法。使用数据透视表可以深入剖析数值数据。对数值数据进行分类汇总和聚合，按分类和子分类对数据进行汇总，创建自定义计算和公式；对最有用和用户最关注的数据子集进行筛选、排序、分组及有条件地设置格式。数据透视表是 Excel 为常用数据分析特别设计的重要工具之一。

① 单击"插入"选项卡的"表格"组中的"数据透视表"按钮，出现"创建数据透视表"对话框，选择要分析的数据，可以通过折叠框，确认或重新选择表或区域。然后在"选择放置数据透视图的位置"栏中选择"新工作表"单选按钮，如图 5.34 所示，然后单击"确定"按钮，在打开"数据透视表字段列表"任务窗格（见图 5.35）的同时，工作表会自动切换到 Sheet1 中。

图 5.34　创建数据透视表

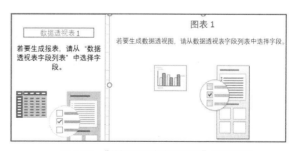

图 5.35　"数据透视表字段列表"任务窗格

② 在任务窗格右侧，可以添加字段分析数据，如图 5.36 所示。默认建立的数据透视表只是一个框架，要得到相应的分析数据，则根据实际需要合理地设置字段。在"数据透视图字段"中选中字段"班级""性别"和"籍贯"和"年龄"。此时可以看到数据透视表中"班级"和"性别"等数值。单击"值"下面的下拉按钮，弹出图 5.37 所示的值字段设置，设置计算类型，这里选择"平均值"。这时候就能看到图 5.38 所示的结果。透视表中可以看到根据班级、再根据性别、再根据籍贯分析的年龄平均值了。

图 5.36 设置字段

图 5.37 设置计算类型

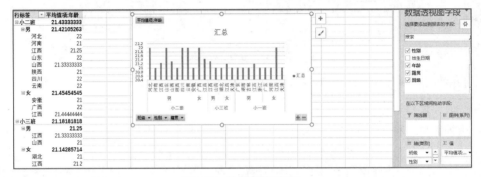

图 5.38 数据透视表结果

③ 单击透视图中的性别，可以弹出数据筛选项，若在这里只想显示男生的平均值，只要在"男"前面打勾就行了。结果如图 5.39 所示。

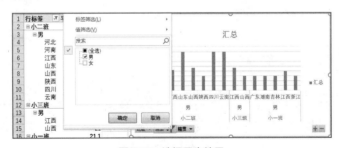

图 5.39 选择男生结果

四、上机实验

根据工程一班的成绩表，进行以下操作。

（1）对表中"性别"列实现单关键字升序排序，然后按"姓名"按笔画升序、"籍贯"降序实现多关键字排序。

（2）自动筛选练习，筛选出表中性别为男的数据，筛选出名字包含"2"的学生数据。

（3）筛选出河南籍的男学生数据，并将筛选结果复制到本工作表中 A31 起始的单元格区域。

（4）将"工程一班的成绩表"中的数据按照"性别"分类，并汇总各科的平均分，汇总结果显示在数据下方。

5.4　实验 4 图表分析表格数据

一、实验目的

（1）掌握创建图表的方法。
（2）掌握图表的编辑与格式化方法。
（3）掌握工作表的页面设置和打印预览方法。

二、实验内容

（1）创建一个包含平时成绩、期中成绩、期末成绩、学期成绩对比的柱形图表。
（2）在已创建的图表中删除部分数据，创建只包含平时成绩对比的柱形图表。
（3）画出 $y=\sin x$、$y=2\sin x$、$y=1/2\sin x$、$y=\sin 2x$ 的简图。

三、实验步骤

（1）创建"成绩表"图表。以"语文"工作表中的前 10 条记录数据为准，创建一个包含平时成绩、期中成绩、期末成绩、学期成绩对比的柱形图表，图表的位置位于工作表中数据区域的右侧。成绩表效果如图 5.40 所示。

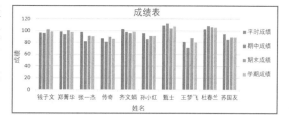

图 5.40　成绩表

① 选择"语文"工作表中的 B1:F11 数据区域。
② 插入图表。单击"插入"选项卡的"图表"组中的"柱形图"按钮，在下拉菜单中选择"二维柱形图"栏中的"簇状柱形图"，生成图 5.41 所示的柱形图。

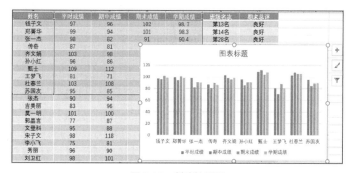

图 5.41　创建柱形图

③ 添加坐标轴标题。选中图表，我们会发现图的右边有三个方框图标。第一个用于添加、删除或更改图表元素（例如标题图例、网格线和数据标签）；第二个用于设置图表样式和配色方案；第三个是图表筛选器，可以编辑要在图表上显示哪些数据点和名称，如图 5.42 所示。单击第一个方框中坐标轴标题前的方框，可发现图表中出现用于坐标轴标题的 2 个标签。单击"坐标轴标题"编辑框，添加横向和纵向坐标轴标题"姓名"和"成绩"。

单击"图表标题"编辑框，在标题框中输入标题文字"成绩表"。

④ 设置标题文字字体。图表中文字一般包括图表标题、图例文字、水平轴标签与垂直轴标签几

项。要更改默认的文字格式，在选中要设置的对象后，可以在"开始"菜单中的"字体"选项组中设置字体字号等。另外还可以设置艺术字效果（一般用于标题文字）。

在图表中选中标题，在"开始"菜单"字体"选项组中可以设置标题字体、字号、字形、文字颜色等。

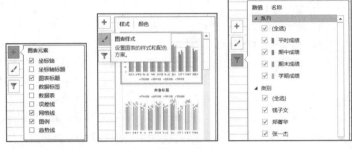

图 5.42　设置图表内容和样式

⑤ 调整图表的大小。在 Excel 2016 中建立图表后，用户经常会根据需要调整图表的大小，移动图表到合适的位置上。

选中图表，将鼠标指针定位到上、下、左、右控点上，当鼠标指针变成双向箭头时，按住鼠标左键进行拖动即可调整图表宽度或高度；将鼠标指针定位到拐角控点上，当鼠标指针变成双向箭头时，按住鼠标左键进行拖动即可按比例调整图表大小。

Excel 2016 可以套用图表样式以快速美化图表，选中图表，选择"图表工具-设计"菜单，在"图表样式"工具栏中单击下拉按钮打开下拉列表，选择某种样式后，单击此样式即可将其应用到图表上，如图 5.43 所示。

图 5.43　应用样式

（2）以已创建的图表为准，创建一个只包含平时成绩对比的柱形图表。

① 选择数据。选中图表后，选择"图表工具-设计"选项卡，单击"选择数据"按钮。

② 单击单元格引用按钮，打开"选择数据源"对话框，如图 5.44 所示，可在"图表数据区域"中看到该图表的数据源，单击右侧的单元格引用按钮，可以修改数据源，我们要此数据源不变，在图例项中只选择平时成绩，结果如图 5.45 所示。

图 5.44　"选择数据源"对话框

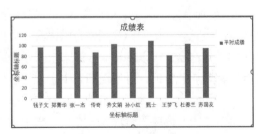

图 5.45　平时成绩图表

（3）画出 $y=\sin x$、$y=2\sin x$、$y=1/2\sin x$、$y=\sin 2x$ 的简图。

由于这两个函数的周期是 2π，我们只画它们在$[0，2\pi]$上的图像。为使图像比较精确，在此取 $\pi=3.1415926$。

① 运行 Excel 后，在 C1、D1、E1、F1、G1 单元格中分别输入：度数、$y=\sin x$、$y=2\sin x$、$y=1/2\sin x$、$y=\sin 2x$。在 C2、D2、E2、F2、G2 单元格中分别输入度数值 0、$= \text{SIN}(\text{C2}/180*3.1415926))$、$=2*\text{SIN}(\text{C2}/180*3.1415926))$、$=1/2*\text{SIN}(\text{C2}/180*3.1415926)$和$= \text{SIN}(2*\text{C2}/180*3.1415926)$。

② 选中 C2 单元格，依次选择"编辑"→"填充"→"序列"，在打开的"序列"对话框中选中"行""等差数列"，在"步长值"栏中输入 10，"终止值"栏中输入 360，然后单击"确定"按钮，这样完成 x 的取值。分别选中 D2、E2、F2、G2 单元格的填充柄向右拖动至相关单元格产生对应 y 的值。

③ 同时选中表格的第 3～7 行，然后在"插入"中选择"图表"，在"图表类型"中选"折线图"，然后单击"完成"按钮，即可得到函数 $y=\sin x$、$y=2\sin x$、$y=1/2\sin x$、$y=\sin 2x$ 的简图，如图 5.46 所示。

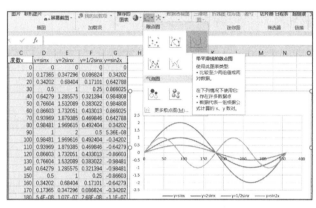

图 5.46　函数简图

四、上机实验

（1）画出工程一班计算机成绩前 10 名的同学的成绩柱形图。

（2）依据各课程的班级平均分，在"总体情况表"工作表 A9:M30 区域内插入二维的簇状柱形图，水平簇标签为各班级名称，图例项为各课程名称。

（3）工作表的页面设置和打印预览。具体要求：用 A4 纸横向打印"工程一班"工作表，打印缩放比例为 85%；设置上、下页边距为 3 厘米，左、右页边距为 1.5 厘米，页眉、页脚的页边距为 2 厘米，文档水平、垂直居中；页眉内容为"2021 工程班成绩"，居中对齐，文字为黑体、五号；页脚为页码，居中对齐。

（4）画出 $y=\cos x$、$y=2\cos x$、$y=\cos 2x$ 的简图。

5.5　实验 5　共享工作簿

一、实验目的

（1）掌握共享工作簿的操作方法。
（2）掌握接受或拒绝修订的方法。

二、实验内容

（1）创建共享工作簿，实现多人协同编辑同一个工作表。

（2）在共享工作簿中接受或拒绝修订的内容。

三、实验步骤

1.通过共享工作簿实现伙伴间的协同操作

在局域网中创建共享工作簿能够实现多人协同编辑同一个工作表。首先创建共享工作簿，同时方便让其他人审阅工作簿。

（1）打开工作簿，在"审阅"选项卡中单击"更改"组中的"共享工作簿"按钮，打开"共享工作簿"对话框。如果出现图 5.47 所示的提示，这是因为此工作簿包含 Excel 表的 XML 映射。若要共享此工作簿，必须将表转换为区域并删除所有 XML 映射。

图 5.47　删除 XML 提示

因此，若要删除 XML 映射，使用 XML 源任务窗格。选择"文件"→"Excel 选项"→"自定义功能区"，然后在主选项卡下选择"开发工具"，在"开发工具"选项卡上的"XML"组中，选择"XML 源"，如图 5.48 所示。

图 5.48　Excel 选项设置

要将表转换为区域，选中工作表，然后在设计选项卡上的"工具"组中单击"转换为区域"。

设置好后，打开"共享工作簿"对话框，出现图 5.49 所示的对话框，在对话框中勾选"允许多用户同时编辑，同时允许工作簿合并"复选框。

（2）打开"高级"选项卡，对修订、更新和视图等进行设置。这里选择"自动更新间隔"单选按钮，并设置"自动更新间隔"为 15 分钟，如图 5.50 所示。完成设置后，单击"确定"按钮。

（3）此时会弹出提示框，如图 5.51 所示，单击"确定"按钮保存文档。此时文档的标题栏中将出现"共享"字样，如图 5.52 所示。将文档保存到共享文件夹即可实现局域网中的其他用户对本文档的访问。

注意，在"更新"组中，如果选中"保存本人的更改并查看其他用户的更改"单选按钮，则将在一定时间间隔内保存本人的更改结果，并能查看其他用户对工作簿的更改；若选中"查看其他人的更改"将只显示其他用户的更改。

图 5.49　"共享工作簿"对话框

图 5.50　"共享工作簿"对话框"高级"选项卡

图 5.51　Excel 提示框

图 5.52　工作簿共享

选中"询问保存哪些修订信息"单选按钮，保存工作簿时将显示提示对话框，询问用户保存哪些修订信息；选中"选用正在保存的修订"单选按钮，保存工作簿时将以最新保存的内容为准。

2.　共享工作簿中接受或拒绝修订的方法

共享工作簿被修改后，用户在审阅表格时可以选择接受或者拒绝他人修订的数据信息。

（1）打开工作簿，在"审阅"选项卡中单击"修订"下拉按钮，选择下拉列表中的"接受/拒绝修订"选项，如图 5.53 所示。

（2）打开"接受或拒绝修订"对话框，在对话框中对"修订选项"进行设置，完成设置后单击"确定"按钮，如图 5.54 所示。

图 5.53　选择"接受/拒绝修订"选项

图 5.54　对"修订选项"进行设置

（3）"接受或拒绝修订"对话框中列出第一个符合条件的修订，同时工作表中将指示出该数据，如图 5.55 所示。如果接受该修订内容，单击"接受"按钮即可，否则单击"拒绝"按钮。

（4）此时对话框中将显示第二条修订，用户可以根据需要选择接受或拒绝这条修订，依次逐条对修订进行查看，选择接受还是拒绝修订内容。完成操作后单击"关闭"按钮即可。

注意，单击"全部接受"按钮将接受所有的修订，单击"全部拒绝"按钮将拒绝所有的修订。

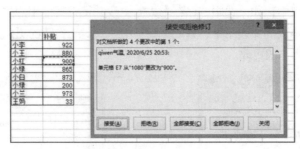

图 5.55　列出第一个修订内容

四、上机实验

把工程班工作表设置成共享工作簿，实现三人协同编辑同一个工作表，接受第一个用户的修订，拒绝第二个用户的修订。

5.6　习题

一、选择题

1. 在 Excel 工作表中存放了第一中学和第二中学所有班级总计 300 个学生的考试成绩，A 列到 D 列分别对应"学校""班级""学号""成绩"，利用公式计算第一中学 3 班的平均分，最优的操作方法是（　　　）。

    A.　=SUMIFS(D2:D301,A2:A301,"第一中学",B2:B301,"3 班")/COUNTIFS(A2:A301,"第一中学", B2:B301,"3 班")

    B.　=SUMIFS(D2:D301,B2:B301,"3 班")/COUNTIFS(B2:B301,"3 班")

    C.　=AVERAGEIFS(D2:D301,A2:A301,"第一中学",B2:B301,"3 班")

    D.　=AVERAGEIF(D2:D301,A2:A301,"第一中学",B2:B301,"3 班")

2. Excel 工作表 D 列保存了 18 位身份证号码信息，为了保护个人隐私，需将身份证信息的第 9～12 位用"*"表示，以 D2 单元格为例，最优的操作方法是（　　　）。

    A.　=MID(D2,1,8)+"****"+MID(D2,13,6)

    B.　=CONCATENATE(MID(D2,1,8),"****",MID(D2,13,6))

    C.　=REPLACE(D2,9,4,"****")

    D.　=MID(D2,9,4,"****")

3. 小金从网站上查到了最近一次全国人口普查的数据表格，他准备将这份表格中的数据引用到 Excel 中以便进一步分析，最优的操作方法是（　　　）。

    A.　对照网页上的表格，直接将数据输入 Excel 工作表中

    B.　通过复制、粘贴功能，将网页上的表格复制到 Excel 工作表中

    C.　通过 Excel 中的"自网站获取外部数据"功能，直接将网页上的表格导入 Excel 工作表中

    D.　先将包含表格的网页保存为.htm 或.mht 格式文件，然后在 Excel 中直接打开该文件

4. 小胡利用 Excel 对销售人员的销售额进行统计，销售工作表中已包含每位销售人员对应的产

品销量，且产品销售单价为 308 元，计算每位销售人员销售额的最优操作方法是（　　　）。

    A．直接通过公式"=销量*308"计算销售额

    B．将单价 308 定义名称为"单价"，然后在计算销售额的公式中引用该名称

    C．将单价 308 输入某个单元格中，然后在计算销售额的公式中绝对引用该单元格

    D．将单价 308 输入某个单元格中，然后在计算销售额的公式中相对引用该单元格

5．在 Excel 某列单元格中，快速填充 2011—2013 年每月最后一天日期的最优操作方法是（　　　）

    A．在第一个单元格中输入"2011-1-31"，然后使用 MONTH 函数填充其余 35 个单元格

    B．在第一个单元格中输入"2011-1-31"，拖动填充柄，然后使用智能标记自动填充其余 35 个单元格

    C．在第一个单元格中输入"2011-1-31"，然后使用格式刷直接填充其余 35 个单元格

    D．在第一个单元格中输入"2011-1-31"，然后执行"开始"选项卡中的"填充"命令

6．如果 Excel 单元格值大于 0，则在本单元格中显示"已完成"；单元格值小于 0，则在本单元格中显示"还未开始"；单元格值等于 0，则在本单元格中显示"正在进行中"，最优的操作方法是（　　　）。

    A．使用 IF 函数

    B．通过自定义单元格格式，设置数据的显示方式

    C．使用条件格式命令

    D．使用自定义函数

7．小刘用 Excel 2016 制作了一份员工档案表，但经理的计算机中只安装了 Office 2003，能让经理正常打开员工档案表的最优操作方法是（　　　）。

    A．将文档另存为 Excel 97-2003 文档格式

    B．将文档另存为 PDF 格式

    C．建议经理安装 Office 2016

    D．小刘自行安装 Office 2003 并重新制作一份员工档案表

8．在 Excel 工作表中，编码与分类信息以"编码|分类"的格式显示在了一个数据列内，若将编码与分类分为两列显示，最优的操作方法是（　　　）。

    A．重新在两列中分别输入编码列和分类列，将原来的编码与分类列删除

    B．将编码与分类列在相邻位置复制一列，将一列中的编码删除，另一列中的分类删除

    C．使用文本函数将编码与分类信息分开

    D．在编码与分类列右侧插入一个空列，然后利用 Excel 的分列功能将其分开

9．以下错误的 Excel 公式形式是（　　　）。

    A．=SUM(B3:E3)*$F$3　　　　　　　　B．=SUM(B3:3E)*F3

    C．=SUM(B3:$E3)*F3　　　　　　　　D．=SUM(B3:E3)*F3

10．以下对 Excel 高级筛选功能，说法正确的是（　　　）。

    A．高级筛选通常需要在工作表中设置条件区域

    B．利用"数据"选项卡中的"排序和筛选"组内的"筛选"命令可进行高级筛选

    C．高级筛选之前必须对数据进行排序

    D．高级筛选就是自定义筛选

11．初二年级各班的成绩单分别保存在独立的 Excel 工作簿文件中，李老师需要将这些成绩单合并到一个工作簿文件中进行管理，最优的操作方法是（　　　）。

    A. 将各班成绩单中的数据分别通过复制、粘贴的命令整合到一个工作簿中

    B. 通过移动或复制工作表功能，将各班成绩单整合到一个工作簿中

    C. 打开一个班的成绩单，将其他班级的数据录入同一个工作簿的不同工作表中

    D. 通过插入对象功能，将各班成绩单整合到一个工作簿中

12. 某公司需要在 Excel 中统计各类商品的全年销量冠军，最优的操作方法是（　　　）。

    A. 在销量表中直接找到每类商品的销量冠军，并用特殊的颜色标记

    B. 分别对每类商品的销量进行排序，将销量冠军用特殊的颜色标记

    C. 通过自动筛选功能，分别找出每类商品的销量冠军，并用特殊的颜色标记

    D. 通过设置条件格式，分别标出每类商品的销量冠军

13. 在 Excel 中，要显示公式与单元格之间的关系，可通过以下方式实现（　　　）。

    A. "公式"选项卡的"函数库"组中有关功能

    B. "公式"选项卡的"公式审核"组中有关功能

    C. "审阅"选项卡的"校对"组中有关功能

    D. "审阅"选项卡的"更改"组中有关功能

14. 在 Excel 中，设定与使用"主题"的功能是指（　　　）。

    A. 标题　　　　　　　　B. 一段标题文字　　　C. 一个表格　　　　　　　D. 一组格式集合

15. 在 Excel 成绩单工作表中包含了 20 个同学成绩，C 列为成绩值，第一行为标题行，在不改变行列顺序的情况下，在 D 列统计成绩排名，最优的操作方法是（　　　）。

    A. 在 D2 单元格中输入"=RANK(C2,$C2:$C21)"，然后向下拖动该单元格的填充柄到 D21 单元格

    B. 在 D2 单元格中输入"=RANK(C2,C$2:C$21)"，然后向下拖动该单元格的填充柄到 D21 单元格

    C. 在 D2 单元格中输入"=RANK(C2,$C2:$C21)"，然后双击该单元格的填充柄

    D. 在 D2 单元格中输入"=RANK(C2,C$2:C$21)"，然后双击该单元格的填充柄

16. 在 Excel 工作表 A1 单元格里存放了 18 位二代身份证号码，其中第 7～10 位表示出生年份。在 A2 单元格中利用公式计算该人的年龄，最优的操作方法是（　　　）。

    A. =YEAR(TODAY())-MID(A1,6,8)　　　　B. =YEAR(TODAY())-MID(A1,6,4)

    C. =YEAR(TODAY())-MID(A1,7,8)　　　　D. =YEAR(TODAY())-MID(A1,7,4)

17. 在 Excel 工作表多个不相邻的单元格中输入相同的数据，最优的操作方法是（　　　）。

    A. 在其中一个位置输入数据，然后逐次将其复制到其他单元格

    B. 在输入区域最左上方的单元格中输入数据，双击填充柄，将其填充到其他单元格

    C. 在其中一个位置输入数据，将其复制后，利用 Ctrl 键选择其他全部输入区域，再粘贴内容

    D. 同时选中所有不相邻单元格，在活动单元格中输入数据，然后按 Ctrl+Enter 组合键

18. Excel 工作表 B 列保存了 11 位手机号码信息，为了保护个人隐私，需将手机号码的后 4 位均用"*"表示，以 B2 单元格为例，最优的操作方法是（　　　）。

    A. =REPLACE(B2,7,4,"****")　　　　　　B. =REPLACE(B2,8,4,"****")

    C. =MID(B2,7,4,"****")　　　　　　　　D. =MID(B2,8,4,"****")

19. 小李在 Excel 中整理职工档案，希望"性别"一列只能从"男""女"两个值中进行选择，否则系统提示错误信息，最优的操作方法是（　　　）。

    A. 通过 IF 函数进行判断，控制"性别"列的输入内容

    B. 请同事帮忙进行检查，错误内容用红色标记

C. 设置条件格式，标记不符合要求的数据

D. 设置数据有效性，控制"性别"列的输入内容

20. 小谢在 Excel 工作表中计算每个员工的工作年限，每满一年计一年工作年限，最优的操作方法是（　　）。

　　A. 根据员工的入职时间计算工作年限，然后手动录入工作表中

　　B. 直接用当前日期减去入职日期，然后除以 365，并向下取整

　　C. 使用 TODAY 函数返回值减去入职日期，然后除以 365，并向下取整

　　D. 使用 YEAR 函数和 TODAY 函数获取当前年份，然后减去入职年份

21. 在 Excel 工作表单元格中输入公式时，F\$2 的单元格引用方式称为（　　）。

　　A. 交叉地址引用　　　　　　　　　　B. 混合地址引用

　　C. 相对地址引用　　　　　　　　　　D. 绝对地址引用

22. 在同一个 Excel 工作簿中，如需区分不同工作表的单元格，则要在引用地址前面增加（　　）。

　　A. 单元格地址　　　B. 公式　　　　C. 工作表名称　　　　D. 工作簿名称

23. 在 Excel 中，如需对 A1 单元格数值的小数部分进行四舍五入运算，最优的操作方法是（　　）。

　　A. =INT(A1)　　　　　　　　　　　B. =INT(A1+0.5)

　　C. =ROUND(A1,0)　　　　　　　　　D. =ROUNDUP(A1,0)

24. Excel 工作表 D 列保存了 18 位身份证号码信息，为了保护个人隐私，需将身份证信息的第 3、4 位和第 9、10 位用"*"表示，以 D2 单元格为例，最优的操作方法是（　　）。

　　A. =REPLACE(D2,9,2,"**")+REPLACE(D2,3,2,"**")

　　B. =REPLACE(D2,3,2,"**",9,2,"**")

　　C. =REPLACE(REPLACE(D2,9,2,"**"),3,2,"**")

　　D. =MID(D2,3,2,"**",9,2,"**")

25. 在 Excel 中，希望在一个单元格输入两行数据，最优的操作方法是（　　）。

　　A. 在第一行数据后直接按 Enter 键

　　B. 在第一行数据后按 Shift+Enter 组合键

　　C. 在第一行数据后按 Alt+Enter 组合键

　　D. 设置单元格自动换行后适当调整列宽

26. 在 Excel 中，将单元格 B5 中显示为"#"的数据完整显示出来的最快捷的方法是（　　）。

　　A. 设置单元格 B5 自动换行

　　B. 将单元格 B5 与右侧的单元格 C5 合并

　　C. 双击 B 列列标的右边框

　　D. 将单元格 B5 的字号减小

27. 将 Excel 工作表 A1 单元格中的公式 SUM(B\$2:C\$4) 复制到 B18 单元格后，原公式将变为（　　）。

　　A. SUM(C\$19:D\$19)　　　　　　　　B. SUM(C\$2:D\$4)

　　C. SUM(B\$19:C\$19)　　　　　　　　D. SUM(B\$2:C\$4)

28. 不可以在 Excel 工作表中插入的迷你图类型是（　　）。

　　A. 迷你折线图　　　B. 迷你柱形图　　　C. 迷你散点图　　　D. 迷你盈亏图

29. 小明希望在 Excel 的每个工作簿中输入数据时，字体和字号总能自动设为 Calibri、9 磅，最优的操作方法是（　　）。

A. 先输入数据，然后选中这些数据并设置其字体、字号

B. 先选中整个工作表，设置字体、字号后再输入数据

C. 先选中整个工作表并设置字体、字号，之后将其保存为模板，再依据该模板创建新工作簿并输入数据

D. 通过后台视图的常规选项，设置新建工作簿时默认的字体、字号，再新建工作簿并输入数据

30. 小李正在 Excel 中编辑一个包含上千人的工资表，他希望在编辑过程中总能看到表明每列数据性质的标题行，最优的操作方法是（　　　　）。

A. 通过 Excel 的拆分窗口功能，使得上方窗口显示标题行，同时在下方窗口中编辑内容

B. 通过 Excel 的冻结窗格功能将标题行固定

C. 通过 Excel 的新建窗口功能，创建一个新窗口，并将两个窗口水平并排显示，其中上方窗口显示标题行

D. 通过 Excel 的打印标题功能设置标题行重复出现

31. 钱经理正在审阅 Excel 统计的产品销售情况，他希望能够同时查看这个千行千列的超大工作表的不同部分，最优的操作方法是（　　　　）。

A. 将该工作簿另存几个副本，然后打开并重排这几个工作簿以分别查看不同的部分

B. 在工作表合适的位置冻结拆分窗格，然后分别查看不同的部分

C. 在工作表合适的位置拆分窗口，然后分别查看不同的部分

D. 在工作表中新建几个窗口，重排窗口后在每个窗口中查看不同的部分

32. 小王要将一份通过 Excel 整理的调查问卷统计结果送交经理审阅，这份调查表包含统计结果和中间数据两个工作表。他希望经理无法看到其存放中间数据的工作表，最优的操作方法是（　　　　）。

A. 将存放中间数据的工作表删除

B. 将存放中间数据的工作表移动到其他工作簿保存

C. 将存放中间数据的工作表隐藏，然后设置保护工作表隐藏

D. 将存放中间数据的工作表隐藏，然后设置保护工作簿结构

33. 小韩在 Excel 中制作了一份通讯录，并为工作表数据区域设置了合适的边框和底纹，她希望工作表中默认的灰色网格线不再显示，最快捷的操作方法是（　　　　）。

A. 在"页面设置"对话框中设置不显示网格线

B. 在"页面布局"选项卡上的"工作表选项"组中设置不显示网格线

C. 在后台视图的高级选项下，设置工作表不显示网格线

D. 在后台视图的高级选项下，设置工作表网格线为白色

34. 在 Excel 工作表中输入了大量数据后，若要在该工作表中选择一个连续且较大范围的特定数据区域，最快捷的方法是（　　　　）。

A. 选中该数据区域的某一个单元格，然后按 Ctrl+A 组合键

B. 单击该数据区域的第一个单元格，按住 Shift 键不放再单击该区域的最后一个单元格

C. 单击该数据区域的第一个单元格，按 Ctrl+Shift+End 组合键

D. 用鼠标直接在数据区域中拖曳完成选择

35. 小陈在 Excel 中对产品销售情况进行分析，他需要选择不连续的数据区域作为创建分析图表的数据源，最优的操作方法是（　　　　）。

A. 直接拖曳鼠标选择相关的数据区域

B. 按住 Ctrl 键不放，拖曳鼠标依次选择相关的数据区域

C. 按住 Shift 键不放，拖曳鼠标依次选择相关的数据区域

D. 在名称框中分别输入单元格区域地址，中间用西文半角逗号分隔

36. 赵老师在 Excel 中为 400 位学生每人制作了一个成绩条，每个成绩条之间有一个空行分隔。他希望同时选中所有成绩条及分隔空行，最快捷的操作方法是（　　　）。

A. 直接在成绩条区域中拖曳鼠标进行选择

B. 单击成绩条区域的某一个单元格，然后按 Ctrl+A 组合键两次

C. 单击成绩条区域的第一个单元格，然后按 Ctrl+Shift+End 组合键

D. 单击成绩条区域的第一个单元格，按住 Shift 键不放再单击该区域的最后一个单元格

37. 小曾希望对 Excel 工作表的 D、E、F 三列设置相同的格式，同时选中这三列的最快捷操作方法是（　　　）。

A. 用鼠标直接在 D、E、F 三列的列标上拖曳完成选择

B. 在名称框中输入地址"D:F"，按 Enter 键完成选择

C. 在名称框中输入地址"D,E,F"，按 Enter 键完成选择

D. 按住 Ctrl 键不放，依次单击 D、E、F 三列的列标

38. 孙老师在 Excel 中管理初一年级各班的成绩表时，需要同时选中所有工作表的同一区域，最快捷的操作方法是（　　　）。

A. 在第一张工作表中选择区域后，切换到第二张工作表并在按住 Ctrl 键时选择同一区域，相同方法依次在其他工作表中选择同一区域

B. 在第一张工作表中选择区域后，按住 Shift 键单击最后一张工作表标签，所有工作表的同一区域均被选中

C. 单击第一张工作表标签，按住 Ctrl 键依次单击其他工作表标签，然后在其中一张工作表中选择某一区域，其他工作表同一区域将同时被选中

D. 在名称框中以"工作表 1 名!区域地址,工作表 2 名!区域地址……"的格式输入跨表地址后回车

39. 小梅想要了解当前 Excel 文档中的工作表最多有多少行，最快捷的操作方法是（　　　）。

A. 按住 Ctrl 键的同时连续按向下光标键↓，光标跳到工作表的最末一行，查看行号或名称框中的地址即可

B. 按 Ctrl+Shift+End 组合键，选择到最后一行单元格，查看行号或名称框中的地址即可

C. 操作工作表右侧的垂直滚动条，直到最后一行出现，查看行号即可

D. 选择整个工作表，通过查找和选择下的"定位条件"功能，定位到最后一个单元格，查看行号或名称框中的地址即可

40. 在 Excel 编制的员工工资表中，刘会计希望选中所有应用了计算公式的单元格，最优的操作方法是（　　　）。

A. 通过"查找和选择"下的"查找"功能，可选择所有公式单元格

B. 按住 Ctrl 键，逐个选择工作表中的公式单元格

C. 通过"查找和选择"下的"定位条件"功能定位到公式

D. 通过高级筛选功能，可筛选出所有包含公式的单元格

二、填空题

1. 单元格中文本的默认对齐方式是（　　），而数字的默认对齐方式是（　　）。

2. 求和函数为（　　），（　　）函数用来计算选定区域内数值的平均值。

3. 一般在单元格中输入公式确定后，在单元格显示（　　），而在公式栏则显示 （　　）。

4. 在 Excel 中，单元格的引用（地址）有（　　）和（　　）两种形式。

5. 在 Excel 中，假定存在一个数据库工作表，内含系科、奖学金、成绩等项目，现要求出各系科发放的奖学金总和，则应先对系科进行（　　），然后执行（　　）菜单的“分类汇总”命令。

6. 一个工作簿里最多可容纳（　　）个工作表。

7. 单元格 C1=A1+B1，将公式复制到 C2 时答案将为（　　）的值。

8. Excel 可以创建多个工作表，每个工作表都由多行多列组成，它的最小单位是（　　）。

9. 表示同一个工作簿内不同工作表的单元格时，工作表名与单元格之间应使用（　　）号分隔。

10. 如果同时将单元格的格式和内容进行复制，则应该在编辑菜单中选择（　　）命令。

三、上机操作题

根据下列要求，运用已有的数据完成分析采购成本并进行辅助决策这项工作。

1. 工作表数据如图 5.56 和图 5.57 所示。

1								
2		年需求量（单位：个）	15000		订货量	年订货成本	年储存成本	年总成本
3		单次订货成本（单位：元）	500		200			
4		单位年储存成本（单位：元）	30		300			
5			400		400			
6					500			
7					600			
8					700			

成本分析　经济订货批量分析　+

图 5.56　成本分析表

	A	B	C	D	E	F	G	H	I	J	K
1											
2		年需求量（单位：个）	15000								
3		单次订货成本（单位：元）	500								
4		单位年储存成本（单位：元）	30								
5		经济订货批量（单位：个）									
6											
7			10000	11000	12000	13000	14000	15000	16000	17000	18000
8		21									
9		22									
10		23									
11		24									
12		25									
13		26									
14		27									
15		28									

成本分析　经济订货批量分析

图 5.57　经济订货批量分析表

2. 在“成本分析”工作表的单元格区域 F3:F15，使用公式计算不同订货量下的年订货成本，公式为“年订货成本=（年需求量/订货量）×单次订货成本”，计算结果应用货币格式并保留整数。

3. 在“成本分析”工作表的单元格区域 G3:G15，使用公式计算不同订货量下的年存储成本，公式为“年存储成本=单位年存储成本×订货量×0.5”，计算结果应用货币格式并保留整数。

4. 在“成本分析”工作表的单元格区域 H3:H15，使用公式计算不同订货量下的年总成本，公式为“年总成本=年订货成本+年储存成本”，计算结果应用货币格式并保留整数。

5. 为“成本分析”工作表的单元格区域 E2:H15 套用一种表格格式，并将表名称修改为“成本分析”；根据表“成本分析”中的数据，在单元格区域 J2:Q18 中创建图表，图表类型为“带平滑线的散点图”，并根据图 5.58 所示的“图表参考效果.png”中的效果设置图表的标题内容、图例位置、网格线样式、垂直轴和水平轴的最大最小值，以及刻度单位和刻度线。

6. 将工作表"经济订货批量分析"的 B2:B5 单元格区域的内容分为两行显示并居中对齐（保持字号不变），如图 5.59 所示，括号中的内容（含括号）显示于第 2 行，然后适当调整 B 列的列宽。

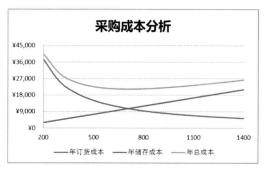

图 5.58 图表参考效果

7. 在工作表"经济订货批量分析"的 C5 单元格计算经济订货批量的值，公式为

$$经济订货批量 = \sqrt{\dfrac{2 \times 年需求量 \times 单次订货成本}{单位年储存成本}}$$

计算结果保留整数。

8. 在工作表"经济订货批量分析"的单元格区域 B7:M27 创建模拟运算表，模拟不同的年需求量和单位年储存成本所对应的不同经济订货批量；其中 C7:M7 为年需求量可能的变化值，B8:B27 为单位年储存成本可能的变化值，模拟运算的结果保留整数。

9. 对工作表"经济订货批量分析"的单元格区域 C8:M27 应用条件格式，将所有小于等于 750 且大于等于 650 的值所在单元格的底纹设置为红色，字体颜色设置为"白色"。

10. 在工作表"经济订货批量分析"中，将单元格区域 C2:C4 作为可变单元格，按照下面的要求创建方案（最终显示的方案为"需求持平"）。

方案名称	单元格 C2	单元格 C3	单元格 C4
需求下降	10000	600	35
需求持平	15000	500	30
需求上升	20000	450	27

11. 在工作表"经济订货批量分析"中，为单元格 C2:C5 按照下面的要求定义名称：

C2	年需求量
C3	单次订货成本
C4	单位年储存成本
C5	经济订货批量

12. 在工作表"经济订货批量分析"中，以 C5 单元格为结果单元格创建方案摘要，并将新生成的"方案摘要"工作表置于工作表"经济订货批量分析"右侧。

13. 在"方案摘要"工作表中，将单元格区域 B2:G10 设置为打印区域，纸张方向设置为横向，缩放比例设置为正常尺寸的 200%，打印内容在页面中水平和垂直方向都居中对齐，在页眉正中央添加文字"不同方案比较分析"，并将页眉到页面顶端的距离值设置为 3。

第6章 演示文稿软件 PowerPoint 2016

6.1 实验 1 PPT 的创建与编辑

一、实验目的

（1）了解创建和保存演示文稿的方法。

（2）掌握幻灯片的编辑方法。

二、实验内容

制作一份自我介绍的 PPT。

三、实验步骤

（1）启动 PowerPoint 2016，在主界面上单击"空白演示文稿"，出现图 6.1 所示的界面。

图6.1 空白演示文稿

（2）在"单击此处添加标题"占位符中输入文本"自我介绍"，在"单击此处添加副标题"占位符中输入文本"班级：×××姓名：×××"，具体内容按自己实际情况填写，如图 6.2 所示。

（3）添加第二张幻灯片，在"开始"选项卡的"幻灯片"组，单击"新建幻灯片"，选择"标题和内容"版式，建立第二张幻灯片，如图 6.3 所示。

图6.2　自我介绍幻灯片

图6.3　建立第二张幻灯片

（4）在"单击此处添加标题"中输入"我的小档案"，在"单击此处添加文本"中输入图 6.4 所示的文字。

图 6.4　输入文字

（5）添加第三张幻灯片，在"开始"选项卡的"幻灯片"组，单击"新建幻灯片"，选择"空白"版式，建立第三张幻灯片。

（6）在"插入"选项卡的"插图"组，单击"形状"，选择"横卷型"，如图 6.5 所示，在幻灯片中画出图形，然后选择图形，单击鼠标右键，在弹出的快捷菜单中选择"编辑文字"，在图形中输入"学习经历:"。

（7）按上面步骤，继续在幻灯片中插入"横排文本框"，在文本框中输入学习经历。具体内容结合自己实际填写，如图 6.6 所示。

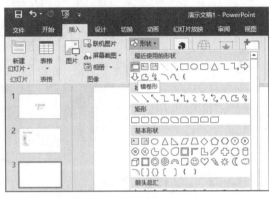

图 6.5　插入"横卷形"图形

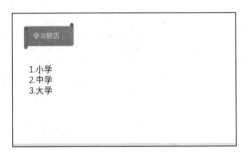

图 6.6　输入学习经历

（8）添加第四张幻灯片，在"开始"选项卡的"幻灯片"组，选择"新建幻灯片"，选择"空白"版式，建立第四张幻灯片。

（9）在"插入"选项卡的"文本"组，选择"艺术字"，选择第三个样式的艺术字。在占位符中输入"我的兴趣爱好"。

（10）在"插入"选项卡的"插图"组，单击"SmartArt"，选择"列表"中的"垂直框列表"，然后在图形中输入文本，如图 6.7 所示。

（11）添加第五张幻灯片，在"开始"选项卡的"幻灯片"组，单击"新建幻灯片"，选择"节标题"版式，在占位符中输入文本，具体内容结合实际填写，然后在"插入"选项卡的"图像"组，选择"图片"选项，在计算机中选择一幅图片添加到幻灯片，如图 6.8 所示。

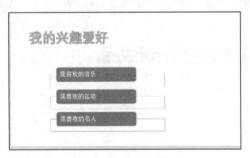

图 6.7　输入我的兴趣爱好

图 6.8　插入图片

（12）完成后，保存幻灯片，文件名为"某某的自我介绍"，同学们可用自己的名字代替"某某"。

四、上机实验

建立"个人简介"演示文稿。

（1）建立一个至少包含 5 张幻灯片的演示文稿，内容为"个人简介"。

（2）编辑演示文稿，注意文本框的使用。

（3）使用幻灯片模板和幻灯片版式。

（4）为幻灯片插入文本、图片、图形等。

（5）保存文件。

6.2　实验 2 PPT 的美化

一、实验目的

（1）掌握版式、主题的应用方法。

（2）掌握幻灯片背景的设置方法。

二、实验内容

（1）对前面实验中的文件"某某的自我介绍"进行主题背景设置。

（2）对前面实验中的文件"某某的自我介绍"进行美化。

三、实验步骤

1．对文件进行主题背景设置

（1）打开文件"某某的自我介绍"，选择"设计"选项卡下"主题"组中的"丝状"主题，如图 6.9 所示，把该设计模板应用到所有幻灯片。

图 6.9　应用主题

（2）选择"设计"选项卡下"变体"组中的"颜色"列表里的"蓝色暖调"，如图 6.10 所示。

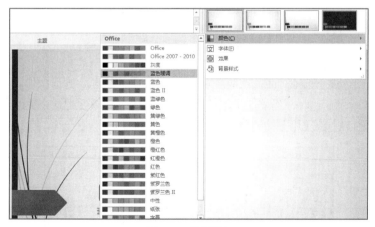

图 6.10　选择颜色

（3）这时，幻灯片的配色方案发生了变化，如图 6.11 所示。

（4）当 PowerPoint 提供的标准配色方案不能满足设计要求时，用户可以手动来配置一些项目的颜色。选择"设计"选项卡下"变体"组中的"颜色"下的"自定义颜色"，打开图 6.12 所示的对话框。可以按照需要修改里面项目的颜色。

图 6.11　配色方案变化后的幻灯片

图 6.12　新建主题颜色

（5）上述操作完成后，幻灯片有一个整体的主题配色方案，此时，如果想要更改背景，可以单独进行背景设置。选择"设计"选项卡下"自定义"组中的"设置背景格式"，如图 6.13 所示。

图 6.13　设置背景格式

（6）在"填充"选项下选择"图片或纹理填充"，然后在"纹理"的下拉列表中选择"水滴"纹理图案，如图 6.14 所示。这时，当前这张幻灯片就设置好了，如果要把这个更改应用到其他所有的幻灯片，单击下面的"全部应用"按钮就可以了。

图 6.14　设置图案

（7）完成后，保存文件。

2. 对文件进行美化

（1）第一张幻灯片。标题"自我介绍"设为 54 号幼圆，红色，边框设为 2.25 磅的"短画线"，填充色设为黄色。副标题设为 32 号楷体，黄色，加下画线，边框为 4.5 磅红色，背景填充蓝色，如图 6.15 所示。

（2）第二张幻灯片。标题"我的小档案"设为 44 号楷体，紫色，形状填充选"预设 9"，形状轮廓选"黑色"。内容的字体字号设为 28 号幼圆，文本效果选"半映像，8pt 偏移量"，文本轮廓选黑色，如图 6.16 所示。

图 6.15　第一张美化后的幻灯片

图 6.16　第二张美化后的幻灯片

（3）第三张幻灯片。选中横卷型图形"学习经历"，打开"格式"选项卡，在"形状样式"组中设置"形状填充"，选择"渐变"填充，出现"设置形状格式"对话框，"类型"设置为"路径"，"渐变光圈"分别在 0%、50%、100%位置设置为"黄色""紫色"和"绿色"，如图 6.17 所示。"形状轮廓"设置为 2.25 磅蓝色。文本"学习经历："的字体字号设置为黑色 28 号幼圆。横排文本框"1.小学 2.中学 3.大学"按照类似方法设置，完成后效果如图 6.18 所示。

图 6.17　设置填充颜色

图 6.18　第三张美化后的幻灯片

（4）第四张幻灯片。对 SmartArt 图形作如下修改：选中图形后，出现"SmartArt 工具"选项卡，包含"设计"和"格式"，选择"设计"选项卡下"创建图形"组中的"添加形状"，在下拉列表中选择"在后面添加形状"，然后在图形中输入文本"我喜欢的书"，在"版式"组的"更改布局"中选择"水平项目符号列表"，在"Smart 样式"组选择"日落场景"，如图 6.19 所示。

（5）第五张幻灯片。选中幻灯片，在"开始"选项卡下"幻灯片"组中选择"版式"下拉列表中的"竖排标题与文本"版式，移动图片到左边，如图 6.20 所示。

（6）完成后，保存文件。

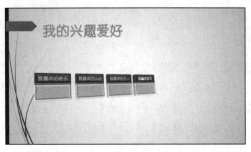

图 6.19 第四张美化后的幻灯片

图 6.20 第五张美化后的幻灯片

四、上机实验

美化"个人简介"文稿。

（1）为文稿应用统一设计模板。

（2）设置某一张幻灯片的背景。

（3）为幻灯片中的对象设置格式，包含文本的设置、图形的美化。

（4）保存文件。

6.3 实验 3 PPT 的动画效果设计

一、实验目的

（1）掌握幻灯片的切换方法。

（2）掌握幻灯片的动画设置方法。

二、实验内容

（1）对前面试验中的文件"某某的自我介绍"进行幻灯片切换设置。

（2）对前面试验中的文件"某某的自我介绍"进行幻灯片动画设置。

三、实验步骤

1. 对文件进行幻灯片切换设置

（1）打开"某某的自我介绍"演示文稿，选择第一张幻灯片，在"切换"选项卡下的"切换到此幻灯片"组中选择"推进"效果，在"效果选项"中选择"自右侧"，如图 6.21 所示。

图 6.21 第一张幻灯片的推进效果

（2）选择第二张幻灯片，在"切换"选项卡下的"切换到此幻灯片"组中选择"分割"效果，在"效果选项"中选择"中央向上下展开"，如图 6.22 所示。在"声音"下拉列表中选择"打字机"，如图 6.23 所示，"持续时间"设置为 3 秒；"换片方式"设置为"设置自动换片时间"，时长设为 2 秒，如图 6.24 所示。

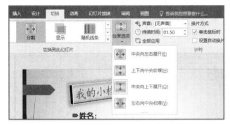

图 6.22　第二张幻灯片的"分割"效果

图 6.23　设置声音

图 6.24　设置换片方式和时间

（3）选择第三张幻灯片，在"切换"选项卡下的"切换到此幻灯片"组中选择"风"效果，在"效果选项"中选择"向右"。

（4）选择第四张幻灯片，在"切换"选项卡下的"切换到此幻灯片"组中选择"飞机"效果，在"效果选项"中选择"向左"。

（5）选择第五张幻灯片，在"切换"选项卡下的"切换到此幻灯片"组中选择"随机"效果。

（6）完成后，保存文件。

2. 对文件进行幻灯片动画设置

（1）打开"某某的自我介绍"演示文稿，选择第一张幻灯片，选择文本框"自我介绍"，在"动画"选项卡下的"动画"组中选择"形状"效果，在"效果选项"中选择"圆"，在它的左上角会出现一个数字"1"，代表的是动画播放的序号，如图 6.25 所示。选择副标题文本框，选择"飞入"效果，在"效果选项"中选择"按段落"，设置完成后，左边出现"2、3、4"，分别代表的是"形状"副标题和两行文本。选择"动画"选项卡下"高级动画"组中的"动画窗格"，打开动画窗格，就可以看到详细的顺序排列，如图 6.26 所示。

图 6.25　动画"圆"的设置

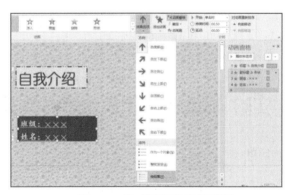

图 6.26　第一张幻灯片的动画设置

（2）选择第二张幻灯片，选择文本框"我的小档案"，单击"动画"选项卡下的"高级动画"组中"添加动画"，打开下拉列表，可看到列表中提供了多种效果选项。在"进入"效果中选择"旋转"，在"强调"效果中选择"脉冲"，在"退出"效果中选择"收缩并旋转"，可看到文本框左边出现"1、2、3"三个数字，代表它有三种动画效果，如图 6.27 所示。也就是说，一个对象上面可以设置多个效果。

（3）选择第三张幻灯片，选择横卷形"学习经历："，在"动画"选项卡下的"动画"组中选择

"轮子"效果，左边出现数字"1"；再选择文本框"1.小学 2.中学 3.大学"，选择"随机线条"效果，在"计时"组中的"开始"选择"上一动画之后"，代表在上一动画播放后自动播放，不需要单击鼠标，这时它左边出现的数字也是"1"；然后在"持续时间"中设置 2 秒，代表动画的播放时间；在"延迟"中设置 1 秒，代表上一动画播放后延时 1 秒播放动画，如图 6.28 所示。

图 6.27　第二张幻灯片的动画设置

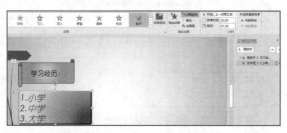

图 6.28　第三张幻灯片的动画设置

（4）选择第四张幻灯片，选择文本框"我的兴趣爱好"在"动画"选项卡下的"动画"组中选择"飞入"效果；再选择 SmartArt 图形，选择"擦除"效果。若要对设置好的动画重新排序，可以在动画窗格中选择要修改的对象，再单击"向上箭头"向前移动，单击"向下箭头"向后移动。

（5）选择第五张幻灯片，与前面操作类似，选择文本框"未来展望"，设置为"飞入"效果；再选择文本占位符，设置为"缩放"效果；选择图片，设置为"循环"动作路径，如图 6.29 所示。

（6）完成后，保存文件。

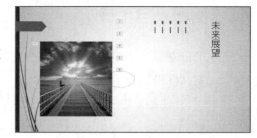

图 6.29　第五张幻灯片的动画设置

四、上机实验

对"个人简介"演示文稿进行幻灯片切换和动画设置。

（1）对幻灯片进行切换设置。

（2）对幻灯片中的对象进行动画设置。

（3）保存文件。

6.4　实验 4　设计制作包含多种媒体元素的 PPT

一、实验目的

（1）掌握音频的插入方法。

（2）掌握视频的插入方法。

（3）掌握图表的插入方法。

二、实验内容

建立一个"产品销售方案"演示文稿。

三、实验步骤

（1）第一张幻灯片：单击"文件"选项卡中的"新建"按钮，在弹出界面中选择"空白演示文稿"，这样就建立了一个新的演示文稿，其中包含一张幻灯片。

① 在幻灯片中插入一个横排文本框，输入文字"产品销售方案"，设置字体为宋体，字号 60 磅。

② 插入一个竖排文本框，在里面输入文字"产品策略""价格策略"及"营销策略"，设置文字字号为 36 磅。

③ 选中竖排文本框的文字，单击"开始"选项卡的"段落"组的"行距"下拉按钮，在下拉列表中选择"2.5"。

④ 选中竖排文本框的文字，单击"开始"选项卡的"段落"组的"项目符号"下拉按钮，在下拉列表中选择菱形作为项目符号。

⑤完成的第一张幻灯片如图 6.30 所示。

（2）第二张幻灯片：新建一张幻灯片，插入一个文本框和三个自选图形，并输入文字。

① 单击"开始"选项卡下"幻灯片"组的"新建幻灯片"，在下拉列表中选择"空白"版式，新建一张幻灯片。

② 单击"插入"选项卡的"插图"组中的"形状"，在下拉列表中选择"横排文本框"，输入文字"产品策略——产品定位"，设置字号为 40 磅。

③ 按同样的方法插入一个矩形，输入文字为"女性消费者"，鼠标右键单击该矩形，在弹出的快捷菜单中选择"设置形状格式"。在幻灯片的右边出现"设置形状格式"对话框，如图 6.31 所示，设置"垂直对齐方式"为"顶端对齐"。

图 6.30　第一张幻灯片

图 6.31　设置形状格式

④ 按相同的方法在矩形中建立一个"椭圆"形状，添加文字"16～35 岁女性"，字号为 24 磅，设置"椭圆"填充红色。

⑤按相同方法再建立一个"矩形标注"形状，添加文字"16～25 岁：感官主导型消费群体"和"26～35 岁：功能主导型消费群体"，字号为 24 磅。

⑥完成的第二张幻灯片如图 6.32 所示。

（3）第三张幻灯片：新建一张幻灯片，插入一个文本框和一个表格。

① 单击"开始"选项卡下"幻灯片"组的"新建幻灯片"，在下拉列表中选择"空白"版式，新建一张幻灯片。

② 单击"插入"选项卡的"插图"组中的"形状"，在下拉列表中选择"横排文本框"，输入文字"价格策略——产品定价"，设置字号为 40 磅。

③ 单击"插入"选项卡下"表格"组中的"表格"下拉按钮，在下拉列表中的网格上拖出一个 5 行 2 列的表格。

④ 选定表格，在"表格工具"的"设计"选项卡"绘制边框"组中设置 6 磅实线，然后在"表格样式"组的"边框"下拉列表中选择外侧框线。

⑤ 选中表格第一行，单击鼠标右键后，在弹出的快捷菜单中选择"合并单元格"命令。

⑥ 在表格中，按单元格依次输入"本土化价格策略""竞争价格""100～200 元""最优价""99～199 元""季节性折扣""10%～15%""促销折扣"和"10%～15%"。

⑦ 选定表格，单击"表格工具"中"布局"选项卡的"对齐方式"选项组中的"居中"和"垂直居中"按钮。

⑧ 完成的第三张幻灯片如图 6.33 所示。

（4）第四张幻灯片：新建一张幻灯片，插入一个文本框和一个图表。

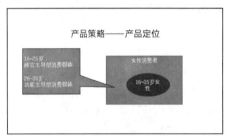

图 6.32　第二张幻灯片

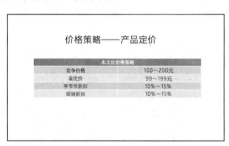

图 6.33　第三张幻灯片

① 单击"开始"选项卡下"幻灯片"组的"新建幻灯片"，在下拉列表中选择"空白"版式，新建一张幻灯片。

② 单击"插入"选项卡的"插图"组中的"形状"，在下拉列表中选择"横排文本框"，输入文字"价格策略——参考价格柱状图"，设置字号为 40 磅。

③ 单击"插入"选项卡下"插图"组中的"图表"按钮，弹出"插入图表"对话框，单击"柱形图"选项卡，单击"确定"按钮，系统打开一个 Excel 窗口。

④ 在 Excel 窗口中，输入产品价格表中的内容，如图 6.34 所示。

⑤ 关闭 Excel 窗口，生成的图表对象即插入幻灯片中。

⑥ 完成的第四张幻灯片如图 6.35 所示。

（5）第五张幻灯片：新建一张幻灯片，插入两个文本框和一段音频。

① 单击"开始"选项卡下"幻灯片"组的"新建幻灯片"，在下拉列表中选择"空白"版式，新建一张幻灯片。

② 单击"插入"选项卡的"插图"组中的"形状"，在下拉列表中选择"横排文本框"，输入文字"营销策略——促销活动"，设置字号为 40 磅。插入第二个文本框，输入文字"各大商场评选时尚牛仔先生、女士"，字号 40 磅。

③ 单击"插入"选项卡的"媒体"组中的"音频"，在下拉列表中选择"PC 上的音频"，弹出"插入音频"对话框，在计算机中选一个音频文件。

④ 单击"插入"按钮，在幻灯片中出现声音图标，单击图标下的"播放"按钮，可以试听声音。

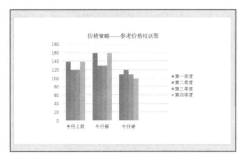

图 6.34　产品价格表

图 6.35　第四张幻灯片

⑤ 选定幻灯片中的声音图标，单击"音频工具"中的"播放"选项卡下"音频选项"组中的"开始"下拉按钮，在下拉列表中选择"自动"选项，勾选"循环播放，直到停止""播完返回开头"和"放映时隐藏"复选框，如图 6.36 所示。

⑥ 完成后的幻灯片如图 6.37 所示，插入视频文件的操作类似，不再赘述。

图 6.36　音频播放设置

图 6.37　第五张幻灯片

四、上机实验

（1）在"个人简介"演示文稿中加入声音、视频等多媒体元素。

（2）在"个人简介"演示文稿中加入一张幻灯片，创建图表，图表数据自己建立。

6.5　实验 5 PPT 与其他软件的协同工作

一、实验目的

（1）掌握 PPT 与其他软件的协同工作方法。

（2）掌握超链接的应用方法。

二、实验内容

在"某某的自我介绍"演示文稿中加入其他软件的应用。

三、实验步骤

（1）打开"某某的自我介绍"演示文稿，在第二页插入一张空白版式的幻灯片，在"插入"选项卡的"插图"组中选择 SmartArt 图形列表中的"垂直曲形列表"，输入文字，如图 6.38 所示。

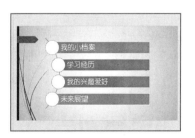

图 6.38　插入 SmartArt 图形

（2）选择"我的小档案"图形框，单击"插入"选项卡下"链接"组中的"超链接"，打开图 6.39 所示的对话框。选择"本文档中的位置"中第 3 张幻灯片，单击"确定"按钮。用同样的方法，把"学习经历"链接到第 4 张幻灯片。

（3）设置完成后，当播放幻灯片时，把鼠标指针移动到设置了超链接的对象上，鼠标指针会变成一个手的形状，这时单击鼠标，就会跳转到链接的幻灯片中。

（4）选择第三张幻灯片"我的小档案"，单击"插入"选项卡下"插图"组的"形状"列表中的动作按钮"后退或前一项"，弹出图 6.40 所示对话框，选择"单击鼠标"选项卡中的"超链接到"列表中的"幻灯片"，打开图 6.41 所示对话框，选择"2.幻灯片 2"，单击"确定"按钮。

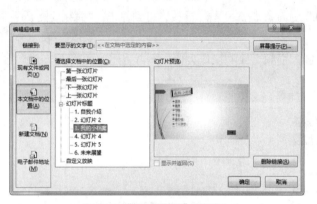

图 6.39 "编辑超链接"对话框

图 6.40 "操作设置"对话框

（5）完成后，幻灯片中出现一个动作按钮，如图 6.42 所示。当播放幻灯片时，单击此动作按钮，幻灯片会跳转到第 2 张幻灯片。按同样的方法，给第 4、5、6 张幻灯片都建立一个一样的动作按钮，或直接复制过去。

图 6.41 "超链接到幻灯片"对话框

图 6.42 添加超链接完成后的幻灯片

（6）选择"学习经历"幻灯片，单击"插入"选项卡下"文本"组中的"对象"，出现图 6.43 所示的对话框。选择"由文件创建"，单击"浏览"按钮，打开"浏览对话框"，选择事先准备好的文件"学习经历.txt"，单击"确定"按钮。这时，幻灯片中出现文件图标，如图 6.44 所示，双击就可以打开该文件。

（7）选择"我的小档案"幻灯片，单击"插入"选项卡下"文本"组中的"对象"，在打开的对话框中选择"新建"，在 "对象类型"中选择"Microsoft Excel 工作表"，如图 6.45 所示。

图 6.43　"插入对象"对话框

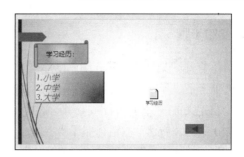

图 6.44　插入对象后的幻灯片

（8）单击"确定"按钮后，在幻灯片中会出现嵌入的 Excel 工作表，如图 6.46 所示。

图 6.45　插入"Microsoft Excel 工作表"

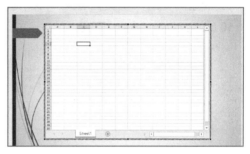

图 6.46　插入 Excel 工作表

（9）在表中输入文本，输入完成后，单击幻灯片其他任意位置，表格就作为对象创建在幻灯片中了，如图 6.47所示。如果需要修改，双击表格，可以打开 Excel 进行编辑。

（10）完成后保存文件。

四、上机实验

（1）为"个人简介"建立一个目录，通过在目录中建立超级链接，实现在目录页跳转到相应内容。

图 6.47　插入工作表后的幻灯片

（2）建立一个 Word 文档，介绍自己的理想或将来的打算，在演示文稿中通过插入对象方式，插入"个人简介"文稿中。

6.6　实验 6 PPT 的放映

一、实验目的

掌握 PPT 的放映方法。

二、实验内容

在"某某的自我介绍"演示文稿中设置放映方式。

三、实验步骤

（1）打开"某某的自我介绍"演示文稿，单击"幻灯片放映"选项卡下"开始放映幻灯片"组中的"自定义幻灯片放映"下的"自定义放映"，打开图6.48所示的对话框。

图6.48 "自定义放映"对话框

（2）单击"新建"按钮，打开"定义自定义放映"对话框，在"幻灯片放映名称"中输入"我的放映"，然后在"在演示文稿中的幻灯片"列表里面选择要放映的幻灯片，单击"添加"，这样自定义要放映的幻灯片就到了"在自定义放映中的幻灯片"列表框中，如图6.49所示。

（3）单击"确定"按钮，回到"自定义放映"对话框，这时在列表里面出现"我的放映"，如图6.50所示，单击"关闭"按钮。

图6.49 自定义"我的放映"

图6.50 自定义"我的放映"完成对话框

（4）单击"幻灯片放映"选项卡下的"设置"组中的"设置幻灯片放映"，出现"设置放映方式"对话框。此时，在"放映幻灯片"中，选择"自定义放映"下拉列表中的"我的放映"，如图6.51所示，当放映幻灯片时，就会按照之前的设置放映幻灯片了。

（5）单击"幻灯片放映"选项卡下的"设置"组中的"排练计时"，记录每张幻灯片播放的时间，保存计时，在浏览视图中幻灯片右下角可以看到每张幻灯片放映的时间，如图6.52所示。

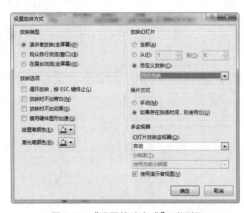

图6.51 "设置放映方式"对话框

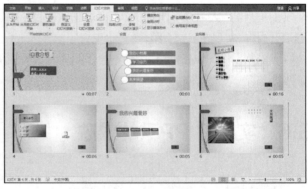

图6.52 排练计时

（6）单击"幻灯片放映"选项卡下的"设置"组中的"设置幻灯片放映"，出现"设置放映方式"对话框，此时，在"换片方式"中，选择"如果存在排列时间，则使用它"。这样，当放映幻灯片时，就会按照排练计时记录的时间自动播放了。如果不想使用排练计时，则选择"手动"换片方式。

（7）完成后保存文件。

四、上机实验

（1）为演示文稿"个人简介"建立一个自定义放映，只放映前三张幻灯片，自定义名称为"我的放映"。

（2）为"个人简介"设置排练计时。

6.7　习题

一、选择题

1. 演示文稿储存以后，默认的文件扩展名是（　　）。

    A．pptx   B．exe   C．bat   D．bmp

2. PowerPoint "视图"这个名词表示（　　）。

    A．一种图形   B．显示幻灯片的方式

    C．编辑演示文稿的方式   D．一张正在修改的幻灯片

3. PowerPoint 菜单栏中，提供显示和隐藏工具栏命令的菜单是（　　）。

    A．格式   B．工具   C．视图   D．编辑

4. 幻灯片中占位符的作用是（　　）。

    A．表示文本长度   B．限制插入对象的数量

    C．表示图形大小   D．为文本、图形预留位置

5. PowerPoint 中，幻灯片通过大纲形式创建和组织（　　）。

    A．标题和正文   B．标题和图形

    C．正文和图片   D．标题、正文和多媒体信息

6. 幻灯片上可以插入（　　）多媒体信息。

    A．声音、音乐和图片   B．声音和影片

    C．声音和动画   D．剪贴画、图片、声音和影片

7. PowerPoint 的"设计模板"包含（　　）。

    A．预定义的幻灯片版式   B．预定义的幻灯片背景颜色

    C．预定义的幻灯片样式和配色方案   D．预定义的幻灯片样式和配色方案

8. PowerPoint 的"超级链接"命令可实现（　　）。

    A．幻灯片之间的跳转   B．演示文稿幻灯片的移动

    C．中断幻灯片的放映   D．在演示文稿中插入幻灯片

9. 如果将演示文稿置于另一台未安装 PowerPoint 软件的计算机上放映，那么应该对演示文稿进行（　　）。

    A．复制   B．打包   C．移动   D．打印

10. 想在一个屏幕上同时显示两个演示文稿并进行编辑，应（　　）。

    A．无法实现

    B．打开一个演示文稿，选择插入菜单中"幻灯片（从文件）"

    C．打开两个演示文稿，选择窗口菜单中"全部重排"

    D．打开两个演示文稿，选择窗口菜单中"缩至一页"

11. *.ppt 文件是（　　　）文件类型。

  A. 演示文稿   B. 模板文件   C. 其他版本文稿   D. 可执行文件

12. 在（　　　）模式下可对幻灯片进行插入、编辑对象的操作。

  A. 幻灯片视图   B. 大纲视图   C. 幻灯片浏览视图   D. 备注页视图

13. 在（　　　）方式下能实现在一屏显示多张幻灯片。

  A. 幻灯片视图   B. 大纲视图   C. 幻灯片浏览视图   D. 备注页视图

14. 以下不能使用幻灯片缩略图功能的是（　　　）。

  A. 幻灯片视图   B. 大纲视图   C. 幻灯片浏览视图   D. 备注页视图

15. 下列不是工具栏的名称的是（　　　）。

  A. 常用   B. 格式   C. 动画效果   D. 视图

16. 在幻灯片页脚设置中，（　　　）是讲义或备注的页面上存在的，而在用于放映的幻灯片页面上无此选项。

  A. 日期和时间 B. 幻灯片编号   C. 页脚   D. 页眉

17. 在（　　　）模式下，不能使用视图菜单中的演讲者备注选项添加备注。

  A. 幻灯片视图   B. 大纲视图   C. 幻灯片浏览视图   D. 备注页视图

18. 幻灯片的各种视图快速切换方法是（　　　）。

  A. 选择"视图"菜单对应的视图

  B. 使用快捷键

  C. 单击水平滚动条左边的"视图控制"按钮

  D. 选择"文件"菜单

19. 在当前演示文稿中要新增一张幻灯片，采用（　　　）方式。

  A. 选择"文件"菜单中的"新建"命令

  B. 选择"编辑"菜单中的"复制"和"粘贴"命令

  C. 选择"插入"菜单中的"新幻灯片"命令

  D. 选择"插入"菜单中的"幻灯片（从文件）"命令

20. 如果要播放演示文稿，可以使用（　　　）。

  A. 幻灯片视图   B. 大纲视图   C. 幻灯片浏览视图   D. 幻灯片放映视图

21. PowerPoint 的"超级链接"命令可实现（　　　）。

  A. 实现幻灯片之间的跳转   B. 实现演示文稿幻灯片的移动

  C. 中断幻灯片的放映   D. 在演示文稿中插入幻灯片

22. 在（　　　）视图下，可以方便地对幻灯片进行移动、复制、删除等编辑操作。

  A. 幻灯片浏览   B. 幻灯片   C. 幻灯片放映   D. 普通

23. 要在选定的幻灯片版式中输入文字，可以（　　　）。

  A. 直接输入文字

  B. 先单击占位符，然后输入文字

  C. 先删除占位符中的系统显示的文字，然后输入文字

  D. 先删除占位符，然后输入文字

24. 在演示文稿中，在插入超级链接中所链接的目标，不能是（　　　）。

  A. 另一个演示文稿   B. 同一演示文稿的某一张幻灯片

  C. 其他应用程序的文档   D. 幻灯片中的某个对象

25. 要在幻灯片上显示幻灯片编号，必须（   ）。

  A. 选择"插入"菜单中的"页码"命令

  B. 选择"文件"菜单中的"页面设置"命令

  C. 选择"视图"菜单中的"页眉和页脚"命令

  D. 以上都不行

26. 下列各项中，（   ）不能控制幻灯片外观一致的方法。

  A. 母版   B. 模板   C. 背景   D. 幻灯片视图

27. 在幻灯片母版中插入的对象，只能在（   ）可以修改。

  A. 幻灯片视图   B. 幻灯片母版   C. 讲义母版   D. 大纲视图

28. 在空白幻灯片中不可以直接插入（   ）。

  A. 文本框   B. 文字   C. 艺术字   D. Word 表格

29. 幻灯片内的动画效果，通过"幻灯片放映"菜单的（   ）命令来设置。

  A. 动作设置   B. 自定义动画   C. 动画预览   D. 幻灯片切换

30. PowerPoint 启动对话框不包括（   ）。

  A. 内容提示向导   B. 设计模板   C. 演示文档   D. 内容模板

31. 设置幻灯片放映时间的命令是（   ）。

  A. "幻灯片放映"菜单中的"预设动画"命令

  B. "幻灯片放映"菜单中的"动作设置"命令

  C. "幻灯片放映"菜单中的"排练计时"命令

  D. "插入"菜单中的"日期和时间"命令

32. 在 PowerPoint 中，打印幻灯片时，一张 A4 纸最多可打印（   ）张幻灯片。

  A. 任意   B. 3   C. 6   D. 9

33. 用（   ）可以给打印的每张幻灯片都加边框。

  A. "插入"菜单中的"文本框"命令   B. "绘图"工具栏的"矩形"按钮

  C. "文件"菜单中的"打印"命令   D. "格式"菜单中的"颜色和线条"

34. 幻灯片放映过程中，单击鼠标右键，选择"指针选项"中的"绘图笔"命令，在讲解过程中可以进行写画，其结果是（   ）。

  A. 对幻灯片进行了修改

  B. 对幻灯片没有进行修改

  C. 写画的内容留在了幻灯片上，下次放映时还会显示出来

  D. 写画的内容可以保存起来，以便下次放映时显示出来

35. 在 PowerPoint 演示文稿中，将某张幻灯片版式更改为"垂直排列文本"，应选择的菜单是（   ）。

  A. 视图   B. 插入   C. 格式   D. 幻灯片放映

36. 在 PowerPoint 中，不能对个别幻灯片内容进行编辑修改的视图方式是（   ）。

  A. 大纲视图   B. 幻灯片浏览视图   C. 幻灯片视图   D. 以上三项均不能

37. 在 PowerPoint 中，不能完成对个别幻灯片进行设计或修饰的对话框是（   ）。

  A. 背景   B. 幻灯片版式   C. 配色方案   D. 应用设计模板

二、填空题

1. 新建演示文稿，默认的幻灯片版式是（　　　）。

2. 直接按（　　）键可以从第一张幻灯片开始放映演示文稿。

3. 在幻灯片放映中按（　　）键可以终止放映。

4. 要使幻灯片在放映时能够切换到网易主页，应该为其设置（　　　）。

5. 可以使用（　　）给演示文稿中的幻灯片设置同样的颜色、背景。

6. 使用（　　）工具栏可以在幻灯片中绘制椭圆、直线、箭头、矩形和圆等图形。

7. 要在 PowerPoint 2016 中设置幻灯片动画，应在（　　　）选项卡中进行操作。

8. 要在 PowerPoint 2016 中显示标尺、网络线、参考线，以及对幻灯片母版进行修改，应在（　　　）选项卡中进行操作。

9. 在 PowerPoint 2016 中要用到拼写检查、语言翻译、中文简繁体转换等功能时，应在（　　　）选项卡中进行操作。

10. 要在 PowerPoint 2016 中设置幻灯片的切换效果及切换方式，应在（　　　）选项卡中进行操作。

07 第7章 计算机网络与Internet

7.1 实验1 Internet 的接入与 Edge 浏览器的使用

一、实验目的

（1）掌握将计算机接入 Internet 的方法。

（2）掌握 Edge 浏览器的使用方法。

二、实验内容

（1）将计算机接入 Internet。

（2）Edge 浏览器的使用。

三、实验步骤

1. 将计算机接入 Internet

目前，常见的 Internet 接入方式有 ADSL、小区宽带、Cable Modem、光纤宽带接入等。

① ADSL：利用电话线路连接 Internet，上网时可以拨打或接听电话。其优点是上网方便，只要有电话线即可上网；缺点是信号传输距离短、衰减大，容易受干扰，故障率高。这种接入方式目前已经很少见到。

② 小区宽带：利用 Internet 服务商在小区进行的布线上网（相当于小区局域网）。其优点是上网价格便宜；缺点是上网速度有时不稳定，且某些小区没有进行宽带布线。

③ Cable Modem：Cable Modem 是一种通过有线电视网络实现高速接入 Internet 的方式。与其他两种上网方式相比较，Cable Modem 价格低，上网速度快。但当同时上网的人较多时，速度会有所下降。

④ 光纤宽带接入：通过光纤接入小区节点，再由网线连接到各个共享点上（一般不超过 100m），提供一定区域的高速互联接入。其优点是速率高，抗干扰能力强，适用于家庭、个人或各类企事业团体，可以实现各类高速率的互联网应用（视频服务、高速数据传输、远程交互等）；缺点是一次性布线成本较高。

下面主要介绍利用光纤宽带接入 Internet 的操作步骤。

（1）选择 Internet 服务提供商并申请上网账号。用户需要向自己所在地区的 Internet

服务提供商提出申请，申请成功后，会得到一个上网账号，包括用户名和密码。

（2）接入光纤专线。光纤接口要接入光猫光纤专用口，然后通过网线接入计算机，接好电源线，然后配置光猫。光猫配置成功后，就可以建立宽带连接。

（3）创建 Internet 连接。连接好相关设备后，还需要创建 Internet 连接。具体步骤如下。

① 鼠标右键单击桌面上的"网络"图标，在弹出的快捷菜单中选择"属性"选项，打开"网络和共享中心"窗口，选择"设置新的连接或网络"，如图 7.1 所示。

② 在打开的"设置连接或网络"窗口中选择"连接到 Internet"选项，然后单击"下一步"按钮，如图 7.2 所示。

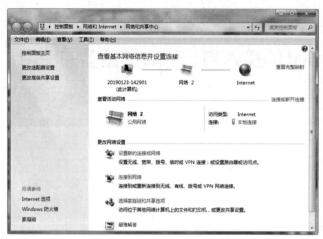

图 7.1　设置新的连接或网络　　　　　　图 7.2　"连接到 Internet"选项

③ 在打开的界面中选择"宽带（PPPoE）"选项，如图 7.3 所示。

④ 在打开的界面中输入申请的用户名和密码，任意输入一个宽带连接名称，然后单击"连接"按钮，如图 7.4 所示。如果选择"记住此密码"复选框，则再次连接网络时不用再输入密码；如果不选择"允许其他人使用此连接"复选框，则别的用户将无法使用此连接上网。一般需要将这两个复选框都选中。

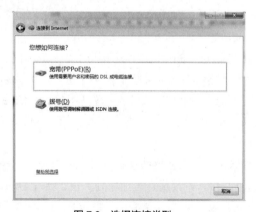 

图 7.3　选择连接类型　　　　　　　　　图 7.4　输入用户名和密码

⑤ 连接成功后，在打开的界面中单击"关闭"按钮关闭对话框。此时便可以尽情享受 Internet 资源了。

2. Edge 浏览器的使用

（1）浏览网页

① 单击"开始"按钮，选择"Microsoft Edge"命令，启动浏览器。

② 在 Microsoft Edge 浏览器地址栏中输入网站或网页的网址。例如，输入搜狐网站的网址，然后按 Enter 键，便可打开搜狐网站主页，如图 7.5 所示。

图 7.5　Microsoft Edge 浏览器

③ 网页的页面一般都比较长，浏览器在一屏内不能完全显示。要查看未显示的网页内容，可向下拖动浏览器右侧的滚动条或滚动鼠标滚轮。找到感兴趣的内容标题或栏目后单击该超链接，即可在打开的页面中阅读具体的文章内容。

（2）保存网页中的信息

要保存网页中的文本内容和图片，可执行以下操作。

① 保存文本内容利用与在 Word 中选择文本相同的方法，选择需要保存的网页文本，然后鼠标右键单击所选文本，从弹出的快捷菜单中选择"复制"选项，或直接按 Ctrl+C 组合键。打开记事本或 Word 程序，按 Ctrl+V 组合键，将文本粘贴到文档中。按 Ctrl+S 组合键，在打开的对话框中设置保存选项保存文件即可。

② 若要保存图片，在要保存的图片上单击鼠标右键，在弹出的快捷菜单中选择"将图像另存为"选项，如图 7.6 所示，弹出"另存为"对话框，选择图片的保存位置，输入图片名称，单击"保存"按钮即可。

图 7.6　保存图片

（3）收藏网页

收藏夹是在上网时收藏自己喜欢的或常用的网站网址的工具。把网页添加到收藏夹的步骤如下。

① 打开要收藏的网页，然后单击"添加到收藏夹或阅读列表"按钮，弹出"编辑收藏夹"对话框，如图 7.7 所示。

② 在"名称"编辑框中输入网页名称（也可保持默认），此时若单击"完成"按钮，可将网页保存到收藏夹的根目录下。

③ 如果要将网页收藏到其他位置，可单击"收藏夹"按钮，在展开的列表中单击"添加文件夹"按钮，输入文件夹名，就会新建一个文件夹，如图 7.8 所示。网页可以收藏在此新文件夹中。

图 7.7　添加到收藏夹

④ 如果要打开收藏的网页，可单击"收藏夹"按钮，在打开
的列表中单击网页链接即可。

（4）查找需要的信息

在 Internet 上有一类专门用来帮助用户查找信息的网站，称为
搜索引擎，它可以帮助用户在浩瀚的 Internet 信息海洋中找到所需
要的信息。

目前国内较常用的搜索引擎有百度和 360 搜索等，它们都是专
业的搜索引擎，其中使用百度的用户较多。另外，很多门户网站也
有自己的搜索引擎，如搜狐的搜狗、新浪的爱问和网易的有道等。

下面以使用百度搜索引擎在网上查找信息为例，介绍搜索引擎
的使用方法。

图 7.8　添加文件夹

① 在 Microsoft Edge 浏览器地址栏中输入百度网址，按 Enter
键打开百度网站主页。

② 在搜索编辑框中输入与要查找的信息相关的关键词，如"你好李焕英"，即可搜索出与关键
词相关的一些网页网址，如图 7.9 所示。

图 7.9　关键词搜索

③ 用户还可在百度网站主页中单击"地图"和"视频"等搜索分类超链接，然后输入关键词，
专门查找地图和视频等资源；或将单击"更多"文字链接，在打开的页面中选择更多的分类。

（5）清除网页浏览历史记录和临时文件

浏览网页时，浏览器会自动记录用户的操作，例如，曾经浏览过的网址、在某网站输入的用户
名和密码等信息，为了避免泄露个人隐私，可以将其清除。此外，浏览器还会将浏览过的网页、网
页中的文件等作为临时文件保存在计算机中，一般这些文件都没有太大用处，可以定期对其进行清

理，以释放磁盘空间。清除网页浏览历史记录和临时文件的步骤如下。

① 打开 Microsoft Edge 浏览器，单击右上角的"设置及其他"按钮，在展开的列表中选择"设置"选项，进入设置界面。

② 单击"隐私、搜索和服务"，在右边界面找到"清除浏览数据"，如图 7.10 所示。

图 7.10　设置界面

③ 单击"选择要清除的内容"按钮，弹出"清除浏览数据"对话框，如图 7.11 所示。

④ 在"时间范围"中可以选择想要清除的数据产生的时间段，列表中可以勾选要清除的项目，如浏览历史记录、下载历史记录等。选择完成后，单击"立即清除"按钮即可。

四、上机实验

（1）打开本地计算机的浏览器，下载一幅图片保存到桌面。
（2）打开本地计算机的浏览器，收藏一个网页。

图 7.11　清除浏览数据

7.2　实验 2　收发电子邮件

一、实验目的

掌握电子邮件的收发方法。

二、实验内容

（1）利用电子邮箱收发邮件。
（2）利用 Foxmail 收发邮件。

三、实验步骤

1. 利用电子邮箱收发邮件

电子邮件（E-mail）是一种通过计算机网络与其他用户进行联系的快速、简便、高效的现代化通信手段。

使用电子邮箱的首要条件是拥有一个电子邮件地址，即电子信箱。电子信箱实质上是邮件服务商在服务器上为用户分配的存放往来邮件的一个专用存储空间。有不少网站都提供电子信箱的申请，其中有的是用户众多的免费邮箱，有的是服务更完善的收费邮箱。下面以 163 免费邮箱为例来介绍如何申请电子邮箱。

（1）打开一个浏览器，进入 163 免费电子邮箱的首页，如图 7.12 所示。

（2）单击页面上的"注册网易邮箱"按钮，打开图 7.13 所示界面。

图 7.12　登录邮箱首页　　　　　　　　　　　　　　图 7.13　注册邮箱

（3）页面中默认是"免费邮箱"注册选项，在其中输入邮箱地址、密码和手机号，然后勾选同意条款，单击"立即注册"按钮。

（4）这时会出现一个二维码，用手机扫码，根据提示发送验证码，即可以注册成功，如图 7.14 所示。

（5）单击页面中的"进入邮箱"，就可以进入邮箱了，如图 7.15 所示。

图 7.14　注册成功界面

图 7.15　进入邮箱首页

（6）这时，可以看见有一封新邮件，单击"收件箱"，看到图 7.16 所示界面，是网易邮件中心发来的邮件。单击标题，就可以进入邮件内容阅读了。如果邮件带有附件，可以下载附件到本地计算机或直接打开附件查看。

（7）登录电子邮箱后，用户可以撰写电子邮件发送给其他人。进入邮箱界面，单击"写信"按钮，出现图 7.17 所示界面。

（8）在"收件人"文本框中输入收件人的地址，也可以利用通讯录选择收件人。若收件人不止一个，可以用分号或逗号分开。

（9）在"主题"文本框中输入该邮件的内容主题。

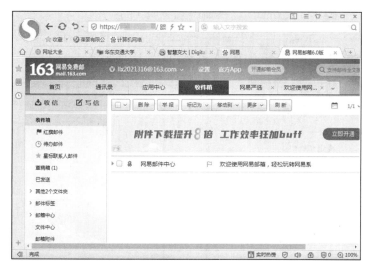

图 7.16　收件箱

（10）在"主题"下的文本框中输入邮件的内容。用户可以单击格式栏中的相应按钮，对撰写的邮件格式进行设置。

图 7.17　写信

（11）若用户想在邮件发送图片、文件等，单击"添加附件"按钮，弹出对话框，然后根据提示选择文件上传，上传成功后，在附件栏会显示出来。

（12）完成后，单击"发送"按钮，邮件开始发送，若发送成功，将出现邮件已发送成功页面。

收到邮件后，一般要给对方回信。在阅读完邮件后，给对方回信时，直接单击页面上的"回复"按钮就可以。与撰写邮件不同的是，撰写邮件的时候要填写收信人地址，而回复邮件的时候收信人地址是系统自动填写好的。

2．利用 Foxmail 收发邮件

登录邮箱网页收发电子邮件的优点是简单、快捷，缺点是它要求用户登录到邮箱进行操作，而且有的邮箱对在线时间有限制。使用客户端软件收发电子邮件可以克服这些缺点，客户端软件一般支持用户多邮件账号，可方便地收发和管理电子邮件，并能采用有效的邮件过滤和邮件规则保证发送和接受的安全性。下面介绍 Foxmail 客户端邮件收发工具的应用。

（1）在 Foxmail 安装完成后，第一次运行，系统会自动启动检测程序，引导用户添加第一个邮件账户。选择需要添加的账号类型，进入添加页面，如图 7.18 所示。

（2）输入 E-mail 地址和密码，添加成功后出现图 7.19 所示界面。

图 7.18　新建账号

图 7.19　添加账号成功

（3）单击"完成"按钮，进入 Foxmail 的主界面，如图 7.20 所示。

图 7.20　Foxmail 的主界面

（4）单击主界面的"写邮件"按钮，打开"写邮件"窗口，在这里可以撰写和发送邮件，如图 7.21 所示。

（5）在"写邮件"窗口的上方的"收件人"栏中填写邮件接收人的 E-mail 地址。如果需要把邮件同时发给多个收件人，可以用英文逗号分隔多个 E-mail 地址。在"抄送"栏中填写其他联系人的 E-mail 地址，邮件将抄送给这些联系人。此栏也可以不填写。

（6）在"主题"栏中填写邮件的主题。邮件的主题可以让收信人大致了解邮件的可能内容，也可以方便收信人管理邮件。此栏也可以不填写。

图 7.21　写邮件

（7）附件是随邮件一同发出的文件，文件格式不受限制。电子邮件不仅能够传送纯文本文件，而且还能传送包括图像、声音及可执行程序等各种文件。附件发送功能大大地扩展了电子邮件的用途。

（8）写邮件时，单击按钮工具栏上的"附件"按钮，可以选择需要添加的文件，文件可以同时选择多个，选取完毕后，单击"打开"按钮就完成了添加附件的操作。如果需要把一个目录下的所有文件和子目录作为附件发送，可以通过使用压缩软件把该目录压缩成一个文件，再把压缩文件添加为附件。

（9）写好邮件后，单击工具栏上的"发送"按钮，即可发送邮件。

（10）如果在建立邮箱账户过程中填写的信息无误，则接收邮件是非常简单的事情。只要选中某个邮箱账户，然后单击工具栏上的"收取"按钮即可收取邮箱中的邮件。选择收到的邮件列表框中的一封邮件，邮件内容就会显示在邮件预览框。双击邮件标题，将弹出单独的邮件阅读窗口来显示邮件。

（11）选中目标邮件后，可以通过邮件菜单或单击工具栏上的按钮进行以下常用操作。

① 回复：给发送者写回信。弹出邮件编辑区窗口，"收件人"中将自动填入邮件的回复地址，默认编辑窗口中包含了原邮件的内容，如果不需要，可以将其删除。邮件写完后，像撰写新邮件时一样，选取发送的方式即可。

② 回复全部：当来信不仅仅发给读者一人时，使用该功能将不仅仅回复给发件者一人，而是同时也发送给原始邮件中除读者之外的所有的收件人和抄送人。

③ 转发：将邮件转发给其他人。弹出的邮件编辑区窗口将包含原邮件的内容，如果原邮件带有附件的话，也会自动附上。这时，可以编辑修改邮件的内容。在"收件人"中填入要转发到的邮件地址，再选取发送的方式即可。

四、上机实验

（1）申请一个免费电子邮箱。

（2）利用电子邮箱收发邮件。

（3）利用 Foxmail 软件收发邮件。

7.3　实验 3　搜索网络资源

一、实验目的

掌握利用网络搜索资源的方法。

二、实验内容

利用百度搜索引擎搜索网络资源。

三、实验步骤

（1）打开百度的主页，输入关键词"计算机基础"，如图 7.22 所示，单个关键词搜索的信息浩如烟海，而且绝大部分并不符合自己的要求，需要进一步缩小搜索范围。关键词可以使用多个，各关键词之间留有空格或"+"，这样搜索的结果就排除了很多不符合条件的内容。

（2）在搜索栏输入"建党 100 周年"，然后选择搜索栏下面的"图片"选项，单击"百度一下"按钮，就可以看到相关的图片了，如图 7.23 所示。

图 7.22　关键词搜索

图 7.23　搜索图片

（3）如果需要保存其中的某张图片，可以在图片上单击鼠标右键，在弹出的快捷菜单中选择"图片另存为"，就可以保存该图片了。

（4）下载一个软件。以下载迅雷软件为例，这个软件本身是一个下载软件，可以通过它下载其他资料。可以在百度中输入关键词"迅雷下载"，在列表中找一个比较常用的网站，例如"华军软件园"，如图 7.24 所示。

（5）进入华军软件园的下载软件的页面，单击网页中的下载链接，跳到下载对话框，如图 7.25 所示。

（6）选择下载的位置，单击"下载"按钮，就可以把文件下载下来。找到下载的文件，双击文件就可以安装了。

图 7.24　搜索"迅雷下载"

图 7.25　下载对话框

四、上机实验

（1）利用百度搜索，查找"中国共产党建党 100 周年"相关资料，包括文字、图片等，并下载其中 1 个 Word 文档和 1 个 PPT 文档到本地计算机。

（2）利用百度搜索下载"金山打字通 2016"并安装。

7.4　习题

一、选择题

1. 以下属于物理层的设备是（　　　）。
   A. 中继器　　　　　　B. 以太网交换机　　C. 桥　　　　　　　　D. 网关
2. 在以太网中，是根据（　　　）地址来区分不同的设备的。
   A. LLC 地址　　　　　B. MAC 地址　　　　C. IP 地址　　　　　　D. IPX 地址
3. FDDI 使用的是（　　　）局域网技术。
   A. 以太网　　　　　　B. 快速以太网　　　C. 令牌环　　　　　　D. 令牌总线
4. TCP 和 UDP 协议的相似之处是（　　　）。
   A. 面向连接的协议　　　　　　　　　　　　B. 面向非连接的协议

    C. 传输层协议   D. 以上均不对

5. 在 Internet 上浏览时，浏览器和 WWW 服务器之间传输网页使用的协议是（　　）。

    A. IP   B. HTTP   C. FTP   D. Telnet

6. 在计算机网络中，所有的计算机均连接到一条通信传输线路上，在线路两端连有防止信号反射的装置。这种连接结构被称为（　　）。

    A. 总线型结构   B. 环形结构   C. 星形结构   D. 网状结构

7. 世界上第一个计算机网络是（　　）。

    A. ARPANET   B. ChinaNet   C. Internet   D. CERNET

8. 一般来说，用户上网要通过因特网服务提供商，其英文缩写为（　　）。

    A. IDC   B. ICP   C. ASP   D. ISP

9. 在以下传输介质中，带宽最宽、抗干扰能力最强的是（　　）。

    A. 双绞线   B. 无线信道   C. 同轴电缆   D. 光纤

10. 一座大楼内的一个计算机网络系统，属于（　　）。

    A. PAN   B. LAN   C. MAN   D. WAN

11. 网络协议的主要要素为（　　）。

    A. 数据格式、编码、信号电平   B. 数据格式、控制信息、速度匹配

    C. 语法、语义、时序   D. 编码、控制信息、同步

12. 在 Internet 的基本服务功能中，远程登录所使用的命令是（　　）。

    A. ftp   B. telnet   C. mail   D. open

13. Internet 网络是一种（　　）结构的网络。

    A. 星形   B. 环形   C. 树形   D. 网状

14. Internet 最初创建的目的是用于（　　）。

    A. 政治   B. 经济   C. 教育   D. 军事

15. 网卡是完成（　　）功能的。

    A. 物理层   B. 数据链路层

    C. 物理和数据链路层   D. 数据链路层和网络层

16. 普通家庭使用的电视机通过以下（　　）设备可以实现上网冲浪漫游。

    A. 调制解调器   B. 网卡   C. 机顶盒   D. 集线器

17. 随着电信和信息技术的发展，国际上出现了所谓"三网融合"的趋势，下列不属于三网之一的是（　　）。

    A. 传统电信网   B. 计算机网（主要指互联网）

    C. 有线电视网   D. 卫星通信网

18. 世界上第一个网络在（　　）年诞生。

    A. 1946   B. 1969   C. 1977   D. 1973

19. 若网络形状是由站点和连接站点的链路组成的一个闭合环，则称这种拓扑结构为（　　）。

    A. 星形拓扑   B. 总线拓扑   C. 环形拓扑   D. 树形拓扑

20. 双绞线由两根具有绝缘保护层的铜导线按一定密度互相绞在一起组成，这样可以（　　）。

    A. 降低信号干扰的程度   B. 降低成本

    C. 提高传输速度   D. 没有任何作用

21. 在下列传输介质中，抗电磁干扰性最强的是（　　　）。

    A. 双绞线　　　　　　B. 同轴电缆　　　　　　C. 光缆　　　　　　D. 无线介质

22. 下列有关计算机网络叙述错误的是（　　　）。

    A. 利用 Internet 网可以使用远程的超级计算中心的计算机资源

    B. 计算机网络是在通信协议控制下实现的计算机互联

    C. 建立计算机网络的最主要目的是实现资源共享

    D. 以接入的计算机多少可以将网络划分为广域网、城域网和局域网

23. TCP/IP 协议是 Internet 中计算机之间通信所必须共同遵循的一种（　　　）。

    A. 信息资源　　　　　B. 通信规定　　　　　　C. 软件　　　　　　D. 硬件

24. 下面（　　　）命令用于测试网络是否连通。

    A. telnet　　　　　　B. nslookup　　　　　　C. ping　　　　　　D. ftp

25. 在 Internet 中，用于文件传输的协议是（　　　）。

    A. HTML　　　　　　B. SMTP　　　　　　C. FTP　　　　　　D. POP

26. 下列说法错误的是（　　　）。

    A. 电子邮件是 Internet 提供的一项最基本的服务

    B. 电子邮件具有快速、高效、方便、价廉等特点

    C. 通过电子邮件，可向世界上任何一个角落的网上用户发送信息

    D. 可发送的多媒体信息只有文字和图像

27. POP3 服务器用来（　　　）邮件。

    A. 接收　　　　　　B. 发送　　　　　　C. 接收和发送　　　　　　D. 以上均错

28. Internet 是由（　　　）发展而来的。

    A. 局域网　　　　　　B. ARPANET　　　　　　C. 标准网　　　　　　D. WAN

29. 如果想把喜欢的网页位置记录下来，以便以后可以再次方便地访问，可以通过浏览器的（　　　）来实现。

    A. 网页缓存　　　　　B. 资源管理器　　　　　　C. 收藏夹　　　　　　D. 地址栏

30. 目前流行的 E-mail 的中文含义是（　　　）。

    A. 电子商务　　　　　B. 电子邮件　　　　　　C. 电子设备　　　　　　D. 电子通信

二、填空题

1. 计算机网络中常用的三种有线媒体是（　　　）、（　　　）和（　　　）。

2. 计算机网络系统由负责（　　　）的通信子网和负责信息处理的资源子网组成。

3. OSI 模型有（　　　）、（　　　）、（　　　）运输层、会话层、表示层和应用层七个层次。

4. 覆盖一个国家、地区或几大洲的计算机网络称为（　　　），在同一建筑或覆盖几千米内范围的网络称为（　　　），而介于两者之间的是城域网。

5. IP 地址 11011011.00001101.00000101.11101110 用点分十进制表示可写为（　　　）。

6. 计算机网络的主要功能包括（　　　）、（　　　）、提高系统的可靠性、分布式网络处理和均衡负荷。

7. 计算机网络中的主要拓扑结构有（　　　）、（　　　）、树形、网状等。

8. 按照网络的分布地理范围，可以将计算机网络分为（　　　）、城域网和广域网三种。

9. WWW 全称为（　　　），也简称为 Web 或万维网。

10. 百度搜索引擎的网址是（   ）。

11. 计算机内传输的信号是数字信号，而公用电话系统的传输系统只能传输（   ）。

12. 多路复用技术又分为（   ）和时分多路复用两种。

13. 交换是网络实现数据传输的一种手段。实现数据交换的三种技术是线路交换、报文交换和（   ）。

14. 调制解调器是同时具有调制和解调两种功能的设备，它是一种（   ）设备。

15. IP 地址是由（   ）个二进制位构成。

三、判断题

1. 网络域名地址便于用户记忆，通俗易懂，可以用英文也可以用中文命名。（   ）

2. 传输控制协议（TCP）属于传输层协议，而用户数据报协议（UDP）属于网络层协议。（   ）

3. 网络中机器的标准名称包括域名和主机名，采取多段表示方法，各段间用圆点分开。（   ）

4. ISO 划分网络层次的基本原则是：不同节点具有不同的层次，不同节点的相同层次有相同的功能。（   ）

5. 在 TCP/IP 体系中，ARP 属于网络层协议。（   ）

6. 在计算机局域网中，只能共享软件资源，而不能共享硬件资源。（   ）

7. IP 层是 TCP/IP 实现网络互连的关键，但 IP 层不提供可靠性保障，所以 TCP/IP 网络中没有可靠性机制。（   ）

8. TCP/IP 可以用于同一主机上不同进程之间的通信。（   ）

9. 因特网路由器在选路时不仅要考虑目的站的 IP 地址，而且还要考虑目的站的物理地址。（   ）

10. IP 地址是由 4 个二进制位构成。（   ）

08 第8章 多媒体技术及应用

8.1 实验 1 认识多媒体文件

一、实验目的

（1）了解多媒体文件。

（2）了解常见的多媒体文件的特点。

二、实验内容

在本地计算机上查找多媒体文件，使用搜索引擎搜索并下载音乐素材，不同格式位图文件进行比较。

三、实验步骤

（1）根据文件的扩展名在本地计算机中搜索相关文件（.wav、.mid 及.wmf、.bmp）并下载，查看文件的属性，对两类文件进行比较。分别查看音频类文件的"播放时间"及"文件大小"、图像类文件的"图像大小"及"文件大小"。

（2）单击"开始"→"程序"→"附件"→"画图"，打开一幅图像（Winter.jpg），将图像"另存为"不同颜色深度的 BMP 格式位图，查看"图像质量"及"文件大小"。

四、上机实验

使用搜索引擎搜索下载 MP3、WMA、RM、MID 格式的文件，并选择使用播放软件播放相应的音频文件，比较下载的文件的"音质"及"大小"。

8.2 实验 2 图像处理实验

一、实验目的

（1）了解常用的多媒体图像处理软件。

（2）了解 Photoshop 的基本操作。

（3）掌握 Photoshop 图像处理的基本技巧。

二、实验内容

使用 Photoshop 2020 软件进行图像的合成（对图像进行抠取和移动，将抠取的图像移动到另一幅图像中）。

三、实验步骤

（1）启动 Photoshop 软件，打开素材文件"背景.jpg"及"鹰.jpg"。

（2）切换到"鹰.jpg"图像文件中，选择左侧工具栏中的"魔棒工具" ，将指针移至图像空白处并单击，此时将自动选择颜色一致的区域。

（3）在魔棒工具属性栏的选项区中单击"添加到选区"按钮 ，在"容差"数值框中输入"32"，再次单击已选区域中需要添加的区域，使选区只选择"鹰"所在位置（见图 8.1）。

（4）按 Ctrl+Shift+I 组合键，反选选区，然后选择"编辑"→"拷贝"命令或直接按 Ctrl+C 组合键，复制选区（见图 8.2）。

图 8.1　精确选择"鹰"所在选区

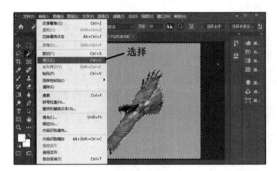
图 8.2　复制选区

（5）切换到"背景.jpg"图像文件，选择"编辑"→"粘贴"命令或按 Ctrl+V 组合键，粘贴选区（见图 8.3）。

图 8.3　粘贴选区

（6）选择工具箱中的"移动工具" ，将粘贴后的选取移至背景图片的合适位置，然后按 Ctrl+T 组合键，进入图像自由变换状态。按住 Shift 键的同时，用鼠标拖动图像周围的控制点，等比例缩放图像（见图 8.4）。

（7）选择"文件"→"存储为"命令，打开"另存为"对话框，在其中设置图像的存储位置及文件名，单击"保存"按钮，即可完成图像的合并与保存操作。

四、上机实验

（1）使用 Photoshop 制作图 8.5 所示的水波纹特效。

调整大小

图 8.4　等比例缩放图像

制作步骤提示如下。

① 打开 Photoshop，新建一个画布文档，在"新建"对话框中设置名称为"水波纹特效"，大小为 1020 像素×760 像素，分辨率为 72 像素/英寸，颜色模式为 RGB 颜色、8 位，背景内容为"白色"。

② 按快捷键 D，使前景色和背景色变成黑/白，再按快捷键 X 使前景色和背景色颜色调换（即前景色和背景色为白/黑），然后执行"滤镜"→"渲染"→"云彩"命令。

图 8.5　水波纹特效

③ 执行"滤镜"→"模糊"→"径向模糊"命令，在"径向模糊"对话框中设置数量为 20，模糊方法选择"旋转"，品质选择"好"。

④ 执行"滤镜"→"模糊"→"高斯模糊"，在"高斯模糊"对话框中将半径设置为 2 像素。

⑤ 执行"滤镜"→"滤镜库"→"素描"→"基地凸现"命令，将"细节"设置为 14，平滑度设置为 8。

⑥ 执行"滤镜"→"滤镜库"→"素描"→"铬黄渐变"命令，将"细节"设置为 4，平滑度设置为 4。

⑦ 单击图层面板下方的"创建新的填充或调整图层"按钮，在弹出的对话框选择"色相/饱和度"选项，先选中"着色"复选框，再将色相设置为 202，饱和度设置为 45，明度设置为 0。

⑧ 单击图层面板下方的"创建新的填充或调整图层"按钮在弹出的对话框选择"色彩平衡"选项，将红色、绿色、蓝色分别设置为–71、–3、–1。

⑨ 将文件分别以"水波纹特效.jpg"和"水波纹特效.psd"文件名保存。

（2）选择打开一幅图像，制作 375 像素×130 像素的智钻图，该板块以突出文字和图片为主，先添加图片和文字，再使用虚线将文字和图标进行分割。

8.3 实验 3 视频处理实验

一、实验目的

（1）熟悉常用视频的文件格式。

（2）掌握常用视频格式文件之间的格式转换方法。

（3）掌握常用视频格式转换工具的使用方法。

二、实验内容

利用 WinMPG Video Convert 软件将 RMVB 格式的视频文件转换成 AVI 格式。

三、实验步骤

（1）利用搜索引擎上网搜索下载一段 RMVB 格式的视频文件。

（2）运行 WinMPG Video Convert 软件。

（3）选择"ALL"→"AVI"，进入"转换界面"，完成以下选项设置。

- 添加需要转换的源文件。
- 更改转换到的目标文件的地址。
- 配置文件、画面质量（Low 低、Normal 中、High 高）。
- 选择快速模式（一般默认此项，对有的 AVI、MOV 等格式转换到别的格式有异常时可尝试更改"快速模式"来转换）。
- 高级设置（切割、分辨率、音频、视频等详细参数设置），无特殊要求的，此项可不用设置。

（4）单击"转换"按钮即可开始转换。

四、上机实验

利用搜索引擎在网上下载一个视频文件，利用转换工具转换为另一种常用格式的视频文件。

8.4 习题

一、选择题

1. 多媒体技术的主要特性有（   ）。

①多样性　　　　　②集成性　　　　　③交互性　　　　　④可扩充性

A. ①　　　　　　B. ①、②　　　　　C. ①、②、③　　　　　D. 全部

2. 多媒体计算机中的媒体信息指（   ）。

①数字、文字　　　②声音、图形　　　③动画、视频　　　④图像

A. ①　　　　　　B. ②　　　　　　C. ③　　　　　　D. 全部

3. 媒体中的（   ）是为了加工、处理和传输感觉媒体而人为构造出来的一种媒体，如文字、音频、图像和视频等的数字化编码表示等。

A. 感觉媒体　　　　　B. 表示媒体　　　　　C. 显示媒体　　　　　D. 存储媒体

4. 多媒体计算机系统的两大组成部分是（　　　）。

    A. 多媒体器件和多媒体主机

    B. 多媒体输入设备和多媒体输出设备

    C. 音箱和声卡

    D. 多媒体计算机硬件系统和多媒体计算机软件系统

5. JPEG 是（　　　）图像压缩编码标准。

    A. 静态　　　　　　　B. 动态　　　　　　　C. 点阵　　　　　　　D. 矢量

6. MPEG 是数字存储（　　　）图像压缩编码和伴音编码标准。

    A. 静态　　　　　　　B. 动态　　　　　　　C. 点阵　　　　　　　D. 矢量

7. 多媒体信息具有（　　　）的特点。

    A. 数据量大和数据类型多

    B. 数据量大和数据类型少

    C. 数据量大、数据类型多、输入和输出不复杂

    D. 数据量大、数据类型多、输入和输出复杂

8. 扩展名是.wav 的文件是（　　　）文件。

    A. 视频文件　　　　　B. 矢量图形文件　　　C. 动画文件　　　　　D. 波形文件

9. 以下不是矢量动画相对于位图动画的优势的是（　　　）。

    A. 文件大小要小很多　　　　　　　　　B. 放大后不失真

    C. 更加适合表现丰富的现实世界　　　　D. 可以在网上边下载边播放

10. 数字音频采样和量化过程所用的主要硬件是（　　　）。

    A. 数字编码器　　　　　　　　　　　　B. 数字解码器

    C. 模拟到数字的转换器（A/D 转换器）　D. 数字到模拟的转换器（D/A 转换器）

11. 位图与矢量图比较，可以看出（　　　）。

    A. 对于复杂图形，位图比矢量图画对象更快

    B. 对于复杂图形，位图比矢量图画对象更慢

    C. 位图与矢量图占用空间相同

    D. 位图比矢量图占用空间更少

12. 位图图像是用（　　　）来描述图像的。

    A. 像素　　　　　　　B. 点和线　　　　　　C. 像素、点和线　　　D. 直线和曲线

13. RM 和 MP3 是流行的（　　　）文件格式。

    A. 视频　　　　　　　B. 音频　　　　　　　C. 图像　　　　　　　D. 动画

14. 以下不属于多媒体静态图像文件格式的是（　　　）。

    A. GIF　　　　　　　B. MPG　　　　　　　C. BMP　　　　　　　D. PCX

15. 下列配置中多媒体计算机系统必不可少的是（　　　）。

    ①CD-ROM 驱动器　　　　　　　　　　②高质量的音频卡

    ③高分辨率的图形、图像显示　　　　　④视频采集卡

    A. ①　　　　　　　　B. ①、②　　　　　　C. ①、②、③　　　　D. 全部

16. 多媒体技术未来发展的方向是（　　）。

　①高分辨率，提高显示质量　　　　　　②高速度化，缩短处理时间

　③简单化，便于操作　　　　　　　　　④智能化，提高信息识别能力

　A.　①、②、③　　　　B.　①、②、④　　　C.　①、③、④　　　　D.　全部

二、填空题

1. 在计算机领域，媒体元素一般分为感觉媒体、表示媒体、表现媒体、（　　）和传输媒体这五种类型。

2. 在多媒体中静态的图像在计算机中可以分为矢量图和（　　）。

3. 多媒体技术具有多样性、集成性、（　　）和实时性等主要特性。

4. 多媒体数据压缩方法根据不同的依据可产生不同的分类，最常用的是根据质量有无损失分为（　　）和（　　）。

5. MPC是（　　）的英文缩写。

第9章 算法与数据结构

习题

一、选择题

1. 下列叙述中正确的是（　　）。

   A. 一个算法的空间复杂度大，则其时间复杂度必定大

   B. 一个算法的空间复杂度大，则其时间复杂度必定小

   C. 一个算法的时间复杂度大，则其空间复杂度必定小

   D. 以上三种说法都不对

2. 算法的时间复杂度是指（　　）。

   A. 执行算法程序所需要的时间

   B. 算法程序的长度

   C. 算法执行过程中所需要的基本运算次数

   D. 算法程序中的指令条数

3. 算法的空间复杂度是指（　　）。

   A. 算法在执行过程中所需要的计算机存储空间

   B. 算法所处理的数据量

   C. 算法程序中的语句或指令条数

   D. 算法在执行过程中所需要的临时工作单元数

4. 算法的有穷性是指（　　）。

   A. 算法程序的运行时间是有限的

   B. 算法所处理的数据量是有限的

   C. 算法程序的长度是有限的

   D. 算法只能被有限的用户使用

5. 下列叙述中正确的是（　　）。

   A. 算法的效率只与问题的规模有关，而与数据的存储结构无关

   B. 算法的时间复杂度是指执行算法所需要的计算工作量

   C. 数据的逻辑结构与存储结构是一一对应的

   D. 算法的时间复杂度与空间复杂度一定相关

6. 下列叙述中，错误的是（　　　）。

    A. 数据的存储结构与数据处理的效率密切相关

    B. 数据的存储结构与数据处理的效率无关

    C. 数据的存储结构在计算机中所占的空间不一定是连续的

    D. 一种数据的逻辑结构可以有多种存储结构

7. 在数据结构中，节点及节点间的相互关系是数据的逻辑结构。数据的逻辑结构按逻辑关系的不同，通常可分为（　　　）两类。

    A. 动态结构和静态结构　　　　　　　　B. 紧凑结构和非紧凑结构

    C. 线性结构和非线性结构　　　　　　　　D. 内容结构和外部结构

8. 下列数据结构中，属于非线性结构的是（　　　）。

    A. 循环队列　　　　　B. 带链队列　　　　　C. 二叉树　　　　　D. 带链栈

9. 按照"后进先出"原则组织数据的数据结构是（　　　）。

    A. 队列　　　　　　　B. 栈　　　　　　　C. 二叉树　　　　　D. 双向链表

10. 给定一个足够长的栈，若入栈元素的序列为a、b、c，则（　　　）是不可能的出栈序列。

    A. b,c,a　　　　　　　B. a,c,b　　　　　　　C. c,a,b　　　　　　　D. b,a,c

11. 递归算法一般需要利用（　　　）实现。

    A. 队列　　　　　　　B. 栈　　　　　　　C. 循环链表　　　　　D. 双向链表

12. 一个栈的初始状态为空，现将元素 1、2、3、4、5、A、B、C、D、E 依次入栈，再依次出栈，则元素出栈的顺序是（　　　）。

    A. 12345ABCDE　　B. EDCBA54321　　C. ABCDE12345　　D. 54321EDCBA

13. 下列对队列的叙述正确的是（　　　）。

    A. 队列属于非线性表

    B. 队列按"先进后出"的原则组织数据

    C. 队列在队尾删除数据

    D. 队列按"先进后出"的原则组织数据

14. 在深度为 7 的满二叉树中，叶子节点的个数是（　　　）。

    A. 329　　　　　　　B. 31　　　　　　　C. 64　　　　　　　D. 63

15. 设树 T 的深度为 4，其中深度为 1、2、3、4 的节点个数分别为 4、2、1、1，则 T 中叶子节点数为（　　　）。

    A. 8　　　　　　　　B. 7　　　　　　　C. 6　　　　　　　D. 5

16. 有一个有序表{1,3,9,12,32,41,45,62,75,77,82,95,100}，用二分法查找值为 82 的元素，（　　　）次比较后查找成功。

    A. 1　　　　　　　　B. 2　　　　　　　C. 4　　　　　　　D. 8

17. 在长度为 64 的有序线性表中进行顺序查找，最坏情况下需要比较的次数为（　　　）。

    A. 63　　　　　　　B. 64　　　　　　　C. 6　　　　　　　D. 7

18. 若对 n 个元素进行直接插入排序，则进行第 i 趟排序过程前，有序表中的元素个数为（　　　）。

    A. 1　　　　　　　B. $i-1$　　　　　　　C. i　　　　　　　D. $i+1$

19. 算法的时间复杂度取决于（　　　）。

    A. 问题的规模　　　　　　　　　　　B. 待处理的数据的初始状态

　　C. 问题的困难度　　　　　　　　　　D. A 和 B

20. 计算机算法指的是（　　　）。

　　A. 计算方法　　　　　　　　　　　　B. 调试方法

　　C. 排序方法　　　　　　　　　　　　D. 解决某一问题的有限运算序列

21. 下列叙述中正确的是（　　　）。

　　A. 一个逻辑数据结构只能有一种存储结构

　　B. 数据的逻辑结构属于线性结构，存储结构属于非线性结构

　　C. 一个逻辑数据结构可以有多种存储结构，且各种存储结构不影响数据处理的效率

　　D. 一个逻辑数据结构可以有多种存储结构，且各种存储结构影响数据处理的效率

22. 数据的存储结构指（　　　）。

　　A. 存储在外存储器中的数据　　　　　B. 数据所占的存储空间量

　　C. 数据在计算机中的顺序存储方式　　D. 数据的逻辑结构在计算机中的表示

23. 数据在计算机内存中的表示指（　　　）。

　　A. 数据的存储结构　　　　　　　　　B. 数据结构

　　C. 数据的逻辑结构　　　　　　　　　D. 数据元素之间的关系

24. 数据的（　　　）包括集合、线性结构、树形结构和图形结构四种基本类型。

　　A. 算法描述　　　　B. 基本运算　　　　C. 逻辑结构　　　　　D. 存储结构

25. 下列关于栈的描述正确的是（　　　）。

　　A. 在栈中只能插入元素而不能删除元素

　　B. 在栈中只能删除元素而不能插入元素

　　C. 栈是特殊的线性表，只能在一端插入或删除元素

　　D. 栈是特殊的线性表，只能在一端插入元素，而在另一端删除元素

26. 下列关于栈的描述中错误的是（　　　）。

　　A. 栈是先进后出的线性表

　　B. 栈只顺序存储

　　C. 栈具有记忆作用

　　D. 对栈的插入与删除操作中，不需要改变栈底指针

27. 假定利用数组 a[n] 顺序存储一个栈，利用 top 表示栈顶指针，用 top=n+1 表示栈空，该数组所能存储的栈的最大长度为 n，则表示栈满的条件是（　　　）。

　　A. top=-1　　　　B. top=0　　　　C. top>1　　　　D. top=1

28. 在一个顺序存储的循环队列中，队头指针指向队头元素的（　　　）。

　　A. 当前位置　　　B. 任意位置　　　C. 前一个位置　　　D. 后一个位置

29. 在单链表中，头指针的作用是（　　　）。

　　A. 方便运算的实现　　　　　　　　　B. 用于标识单链表

　　C. 使单链表中至少有一个节点　　　　D. 用于标识首节点位置

30. 树最适合于表示（　　　）。

　　A. 有序数据元素　　　　　　　　　　B. 元素之间无联系的数据

　　C. 无序数据元素　　　　　　　　　　D. 元素之间具有分支层次关系的数据

二、填空题

1. 假设用一个长度为 50 的数组（数组元素的下标为 0～49）作为栈的存储空间，栈底指针 bottom 指向栈底元素，栈顶指针 top 指向栈顶元素，如 bottom=49、top=30（组下标），则栈中具有（   ）个元素。

2. 数据结构分为线性结构和非线性结构，带链的队列属于（   ）。

3. 对图 9.1 所示的二叉树进行前序遍历的结果是（   ），中序遍历的结果是（   ），后序遍历的结果是（   ）。

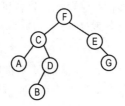

图 9.1 二叉树

4. 在对一组记录 {54,38,96,23,15,72,60,45,83} 进行直接插入排序时，当把第 7 个记录 60 插入有序表时，为寻找插入位置需要比较（   ）次。

5. 描述算法常用的方法有（   ）。

6. 一个算法的时间复杂度是（   ）的函数。

7. 算法复杂度主要包括时间复杂度和（   ）复杂度。

8. 对问题处理方案的正确而完整的描述称为（   ）。

9. 一个数据结构在计算机中的表示称为（   ）。

10. 数据结构分为逻辑结构和存储结构，循环队列属于（   ）结构。

11. 在一个长度为 n 的顺序表中，删除第 i 个元素 $(0 \leqslant i \leqslant n-1)$，需要移动（   ）元素。

12. 栈和队列的区别在于（   ）。

13. 从一个循环队列中删除一个元素，通常的操作是（   ）。

14. 一棵二叉树第 6 层（根节点为第一层）的节点数最多为（   ）个。

15. 某二叉树中度为 2 的节点有 18 个，则该二叉树中有（   ）个叶子节点。

16. 对 n 个记录的有序表进行二分查找法查找时，最大的比较次数是（   ）。

17. 二分查找法的存储结构仅限于（   ），且是有序的。

18. 在插入排序和选择排序中，若原始记录基本正序，则选（   ）；若原始记录基本反序，则选择（   ）。

第10章 程序设计基础

10.1 实验 C 应用程序

一、实验目的

（1）了解 C 程序设计语言。

（2）了解 Visual C++ 6.0 编译系统创建、打开、编辑、保存、运行 C 程序的过程。

（3）了解 C 程序结构和语法规则。

（4）了解程序设计的三大结构。

二、实验内容

（1）了解 C 集成开发环境，熟悉主要窗口的作用。了解 Visual C++ 6.0。

（2）创建简单的 C 语言程序和 C 程序工程。

（3）判断某年是否为闰年。

（4）求一个数的阶乘。

（5）输出九九乘法表。

三、实验步骤

1. C 语言源程序介绍

为了说明 C 语言源程序结构的特点，下面来看一个求圆的面积的程序。虽然有关内容还未介绍，但可从这个例子中了解到组成一个 C 语言源程序的基本部分和书写格式。

```c
#include <stdio.h>              /*包含头文件*/
#define Pi 3.14                 /*定义符号常量*/
float calculate(int Long);      /*函数声明*/
int main()                      /*主函数*/
{
int r_radius ;                  /*定义整型变量，表示半径*/
float result;                   /*定义浮点变量，表示圆的面积*/
    printf("请输入半径: \n");    /*显示提示*/
    scanf("%d",&r_radius);      /*输入圆的半径*/
```

```
        result=calculate ( r_radius ) ;            /*调用函数，计算面积*/
        printf ( "圆的面积是：" );                   /*显示提示*/
        printf ( "%f\n",result );                   /*输出面积*/
        return ;                                     /*返回*/
}
float calculate ( int R )                           /*定义计算面积函数*/
{
        float result=R*R*Pi;                        /*定义变量并计算面积*/
        return result;                              /*返回计算的面积结果*/
}
```

这是一个简单的 C 语言程序。main 是 C 语言程序中"主函数"的名字。每一个 C 语言程序都必须有一个 main 函数。每一个函数要有函数名，也要有函数体。函数体由一对花括号{}括起来。printf 是 C 编译系统提供的标准函数库中的输出函数。printf ("请输入半径: \n"); 语句，圆括号中双引号内的字符串按原样输出。"\n"是换行符，在执行程序时，输出"请输入半径:"，然后执行回车换行。语句最后有一个分号。

在使用标准函数库中的输入/输出函数时，编译系统要求程序提供有关的信息（例如对这些输入/输出函数的声明），程序第一行"#include <stdio.h>"的作用就是用来提供这些信息的，stdio.h 是 C 编译系统提供的一个文件名，stdio 是"standard input &output"的缩写，即有关"标准输入输出"的信息。在 C 语言程序中用到系统提供的标准函数库中的输入/输出函数时，应在程序开头一行写：

```
#include <stdio.h>
```

本程序中"#define Pi 3.14/*定义符号常量*/"，这一行使用"#define"定义一个符号 Pi，并且指定这个符号代表的值为 3.14。这样，在程序中，只要使用 Pi 这个标识符的位置，就代表使用的是 3.14 这个数值。Pi 是一个符号常量。右侧的/*……*/表示注释部分。注释可以写在代码行中的最右侧，也可以单独成为一行。注释只是解释说明用，对编译和运行不起作用。

程序行"float calculate (int Long);"，此处是对一个函数进行声明，声明了 calculate 函数，那么在程序代码的后面会有 calculate 函数的具体定义内容。程序中如果出现 calculate 函数，程序就会根据 calculate 函数的定义执行有关的操作。

```
int r_radius ;                   /*定义整型变量，表示半径*/
flot  result;                    /*定义浮点变量，表示圆的面积*/
```

这 2 行是定义变量，在 C 语言中要使用变量，必须在使用变量之前进行定义，之后编译器会根据变量的类型为变量分配内存空间。变量的作用就是存储数据，用变量进行计算。例如，x 和 y 就是变量，当为其赋值后，如 x 为 1，y 为 2，这样 x+y 的结果即等于 3。

```
scanf ( "%d",&r_radius );        /*输入圆的半径*/
```

在 C 语言中，scanf 函数用来接收键盘输入的内容，将输入的内容保存在相应的变量中。可以看到，在 scanf 的参数中，r_radius 是之前定义的整型变量，它的作用是存储输入的信息。其中的&符号是取地址运算符。

```
float result=R*R*Pi;    /*定义变量并计算面积*/
```

这行代码在 calculate 函数体内，其功能是将变量 R 乘以 R 再乘以 PI 得到的结果保存在 result 变量中。其中的*代表乘法运算符。

2. Visual C++ 6.0 介绍

Visual C++是微软公司推出的基于 Windows 平台的可视化编程环境。由于 Visual C++功能强大、灵活性好、完全可扩展，以及具有强有力的 Internet 支持，从各种 C++语言开发工具中脱颖而出，成为流行的语言集成开发环境之一。

为了编译、连接和运行 C 程序，必须有相应的 C 编译系统。目前使用的大多数 C 编译系统都是集成开发环境（IDE）的，把程序的编辑、编译、连接和运行等操作全部集中在一个界面上进行，功能丰富，使用方便，直观易用。C 程序的集成开发工具很多，利用 Visual C++集成开发环境，还可以有效地编写及运行 C 语言程序。下面以 Visual C++ 6.0 为例，介绍其功能。

（1）单击任务栏"开始"按钮，选择"程序"项的下级子菜单"Microsoft Visual Studio"，单击"Microsoft Visual C++ 6.0"，即可启动。

（2）Visual C++ 6.0 主题窗口可分为标题栏、菜单栏、工具栏、项目工作区窗口、信息输出窗口、程序和资源编辑窗口、状态栏等，如图 10.1 所示。下面对其中部分内容进行介绍。

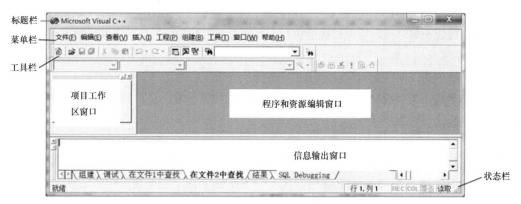

图 10.1　Visual C++ 6.0 主题窗口

① 项目工作区窗口

项目工作区窗口包含了用户的一些信息，如类、项目文件、资源等。在项目工作区窗口中的任意标题或图标处单击鼠标右键，都会弹出快捷菜单，包含当前状态下的一些常用操作。

② 程序和资源编辑窗口

该区是对源程序代码和项目资源（包括对话框资源、菜单资源等）进行设计和处理的区间。各种程序源代码的源文件、资源文件、文档文件等都可以通过该窗口显示出来。

③ 信息输出窗口

该窗口用来显示编译、调试和查询的结果，帮助用户修改用户程序的错误，提示包括错误的条数、错误位置、错误的大致原因等。

④ 状态栏

状态栏用于显示当前操作状态、注释、文本光标所在的行列号等信息。

（3）Visual C++ 6.0 的常用菜单命令项介绍如下。

① 文件菜单

新建：打开"新建"对话框，以创建新的文件、工程或工作区。

关闭工作空间：关闭与工作区相关的所有窗口。

退出：退出 Visual C++ 6.0 环境，将提示保存窗口内容等。

② 编辑菜单

剪切：也可使用 Ctrl+X 组合键。将选定内容复制到剪贴板，再从当前活动窗口中删除所选内容。与"粘贴"联合使用可以移动选定的内容。

复制：也可使用 Ctrl+C 组合键。将选定内容复制到剪贴板，但不从当前活动窗口中删除所选内容。与"粘贴"联合使用可以复制选定的内容。

粘贴：也可使用 Ctrl+V 组合键。将剪贴板中的内容插入（粘贴）到当前鼠标指针所在的位置。注意，必须先使用剪切或复制使剪贴板中具有准备粘贴的内容。

查找：也可使用 Ctrl+F 组合键。在当前文件中查找指定的字符串。可按快捷键 F3 寻找下一个匹配的字符串。

在文件中查找：在指定的多个文件中查找指定的字符串。

替换：也可使用 Ctrl+H 组合键。替换指定的字符串（用某一个替换另一个）。

转到：也可使用 Ctrl+G 组合键。将光标移到指定行上。

断点：也可使用 Alt+F9 组合键。弹出对话框，用于设置、删除或查看程序中的所有断点。断点将告诉调试器应该在何时何地暂停程序的执行，以便查看当时的变量取值等现场情况。

③ 查看菜单

工作空间：如果工作区窗口没显示出来，选择执行该项后将显示工作区窗口。

输出：如果输出窗口没显示出来，选择执行该项后将显示输出窗口。输出窗口中将随时显示有关的提示信息或出错警告信息等。

④ 工程菜单

添加到工程：选择该项将弹出子菜单，用于添加文件或数据链接等到工程中。例如子菜单中的新建选项可用于添加"C++ Source File"或"C/C++ Header File"，而子菜单中的文件选项则用于插入已有的文件到工程中。

设置：为工程进行各种不同的设置。当选择其中的"调试标签（选项卡）"，并通过在"程序参数"文本框中填入以空格分割的各命令行参数后，则可以为带参数的 main 函数提供相应参数（呼应于"void main（int argc, char* argv[ ]）{...}"形式的 main 函数中所需各 argv 数组的各字符串参数值）。注意，在执行带参数的 main 函数之前，必须进行该设置，当"程序参数"文本框中为空时，意味着无命令行参数。

⑤ 组建菜单

编译：也可使用 Ctrl+F7 组合键。编译当前处于源代码窗口中的源程序文件，以便检查是否有语法错误或警告，如果有，将显示在 Output 输出窗口中。

组建：也可使用 F7 键。对当前工程中的有关文件进行连接，若出现错误，也将显示在 Output 输出窗口中。

执行：也可使用 Ctrl+F5 组合键。运行（执行）已经编译、连接成功的可执行程序（文件）。

开始调试：选择该项将弹出子菜单，其中含有用于启动调试器运行的几个选项。例如其中的 Go 选项用于从当前语句开始执行程序，直到遇到断点或遇到程序结束；Step Into 选项开始单步执行程序，并在遇到函数调用时进入函数内部再从头单步执行；Run to Cursor 选项使程序运行到当前鼠标光标所在行时暂停其执行（注意，使用该选项前，要先将鼠标光标设置到某一个希望暂停的程序行处）。执行该菜单的选择项后，就启动了调试器，此时菜单栏中将出现 Debug 菜单（取代了 Build 菜单）。

⑥ 调试菜单

启动调试器后才出现该 Debug 菜单（不再出现 Build 菜单）。

Go：也可使用 F5 键。从当前语句启动继续运行程序，直到遇到断点或遇到程序结束而停止（与 Build→Start Debug→Go 选项的功能相同）。

Restart：也可使用 Ctrl+Shift+F5 组合键。重新从头开始对程序进行调试执行（当对程序做过某些修改后往往需要这样做）。选择该项后，系统将重新装载程序到内存，并放弃所有变量的当前值（重新开始）。

Stop Debugging：也可使用 Shift+F5 组合键。中断当前的调试过程并返回正常的编辑状态（注意，系统将自动关闭调试器，并重新使用 Build 菜单来取代 Debug 菜单）。

Step Into：也可使用 F11 键。单步执行程序，并在遇到函数调用语句时，进入该函数内部，从头单步执行（与 Build→Start Debug→Step Into 选项的功能相同）。

Step Over：也可使用 F10 键。单步执行程序，但当执行到函数调用语句时，不进入该函数内部，而是一步直接执行完该函数后，接着再执行函数调用语句后面的语句。

Step Out：也可使用 Shift+F11 组合键。与"Step Into"配合使用，当执行进入函数内部，单步执行若干步之后，若发现不再需要进行单步调试的话，通过该选项可以从函数内部返回（到函数调用语句的下一语句处停止）。

Run to Cursor：也可使用 Ctrl+F10 组合键。使程序运行到当前鼠标光标所在行时暂停其执行（注意，使用该选项前，要先将鼠标光标设置到某一个希望暂停的程序行处）。事实上，相当于设置了一个临时断点，与 Build→Start Debug→Run to Cursor 选项的功能相同。

Insert/Remove Breakpoint：也可使用 F9 键。此菜单项并未出现在 Debug 菜单上（在工具栏和程序文档的上下文关联菜单上），列在此处是为了方便大家掌握程序调试的手段，其功能是设置或取消固定断点。程序行前有一个圆形的黑点标志，表示该行设置了固定断点。另外，与固定断点相关的还有 Alt+F9 组合键（管理程序中的所有断点）、Ctrl+F9 组合键（禁用/使能当前断点）。

图 10.2　新建文件

3. 建立一个 C 语言程序

（1）编辑并输入程序代码

打开 Visual C++ 6.0，选择"文件"中的"新建"，选择"文件"选项卡，选择"C++ Source File"项，在"文件名"项目下输入"x1"，并选择源程序路径，如图 10.2 所示。

单击"确定"按钮，如图 10.3 所示，输入源代码。

图 10.3　输入源代码

在对程序进行编译、链接和运行前，最好先保存自己的工程（使用"文件→保存全部"菜单项）

以避免程序运行时系统发生意外而使自己之前的工作付诸东流，应让这种做法成为自己的习惯。

单击工具栏上的保存按钮■，保存文件时一定要以".c"或".cpp"作为扩展名，".c"为 C 语言源程序，".cpp"为 C++源程序。否则自动格式化和特殊显示等很多特性将无法使用，程序无法运行。

这种方式新建的 C 源程序文件在编译时，会提示用户，要求允许系统为其创新一个默认的工程（含相应的工作区）。

用计算机语言编写的程序称为"源程序（Source Program）"。前已述及，计算机只能识别和执行由 0 和 1 组成的二进制的指令，而不能识别和执行用高级语言写的指令。为了使计算机能执行高级语言源程序，必须先用一种称为"编译程序"的软件，把源程序翻译成二进制形式的"目标程序（Object Program）"，再将该目标程序与系统的函数库及其他目标程序连接起来，形成可执行的目标程序。

（2）编译（生成目标程序文件.obj）

编译就是把高级语言变成计算机可以识别的二进制语言，计算机只认识 1 和 0，编译程序把人们熟悉的语言换成二进制的语言。编译程序把一个源程序翻译成目标程序的工作过程分为五个阶段：词法分析、语法分析、语义检查和中间代码生成、代码优化、目标代码生成。编译程序主要是进行词法分析和语法分析，又称为源程序分析，分析过程中发现有语法错误，给出提示信息。

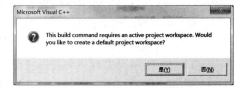

单击编译按钮，调试程序，系统弹出对话框询问是否建立一个工作区，如图 10.4 所示，选择"是"按钮，查看编译结果，看看提示有没有错误，若有则需改正，如图 10.5 所示，图中显示没有错误，这一步会生成 x.obj 文件。

图 10.4　是否建立一个工作区

图 10.5　查看编译结果

（3）链接（生成可执行程序文件.exe）

链接是将编译产生的.obj 文件和系统库连接装配成一个可以执行的程序。在实际操作中可以直接从源程序产生可执行程序。为什么要将源程序翻译成可执行文件的过程分为编译和链接两个独立的步骤，主要是因为：在一个较大的复杂项目中，有很多人共同完成一个项目（每个人可能承担其中一部分模块），各个模块可能是用不同的语言编写的，因此，各类源程序都需要先各自编译成目标程序文件（二进制机器指令代码），再通过链接程序将这些目标程序文件连接装配成可执行文件。

单击连接按钮　检查链接，在下端的输出窗口会有错误和警告的提示，如果没有错误，生成 x1.exe 文件，如图 10.6 所示。

图 10.6　查看链接结果

（4）运行（生成可执行程序文件）

我们选择！"执行"（或按 Ctrl+F5 组合键），系统会首先显示提示信息，从键盘输入半径 2，即可出现运行结果，如图 10.7 所示。上述步骤中，其中第一步的编辑工作最繁杂而又必须细致地由人工在计算机上来完成，其余几个步骤则相对简单，基本由计算机自动完成。

图 10.7　查看运行结果

4. 新建一个简单的 C 程序工程

在编程之前，我们需要了解工程（也称"项目"，或称"工程项目"）这个概念。工程具有两种含义，一种是指最终生成的应用程序，另一种则是为了创建这个应用程序所需的全部文件的集合，包括各种源程序、资源文件和文档等。绝大多数较新的开发工具都利用工程来对软件开发过程进行管理。

用 Visual C++ 6.0 编写并处理的任何程序都与工程有关（都要创建一个与其相关的工程），而每一个工程又总与一个工程工作区相关联。工作区是对工程概念的扩展。一个工程的目标是生成一个应用程序，但很多大型软件往往需要同时开发数个应用程序，Visual C++ 6.0 开发环境允许用户在一个工作区内添加数个工程，其中有一个是活动的（默认的），每个工程都可以独立进行编译、连接和调试。

实际上，Visual C++ 6.0 是通过工程工作区来组织工程及其各相关元素的，程序中的所有的文件、资源等元素都将放入其中，从而使得各个工程之间互不干扰，使编程工作更有条理，更具模块化。最简单的情况下，一个工作区中存放一个工程，代表着某一个要进行处理的程序。但如果需要，一个工作区中也可以存放多个工程，其中可以包含该工程的子工程或者与其有依赖关系的其他工程。

可以看出，工程工作区就像是一个"容器"，由它来放置相关工程的所有信息。当创建新工程时，同时要创建这样一个工程工作区，而后则通过该工作区窗口来观察与存取此工程的各种元素及其有关信息。创建工程工作区之后，系统将创建出一个相应的工作区文件（.dsw），用来存放与该工作区相关的信息。另外还将创建出的其他相关文件，有工程文件（.dsp）及选择信息文件（.opt）等。

（1）新建 Win32 Console Application 工程

选择菜单"文件"下的"新建"项，系统弹出"新建"对话框，在属性页中选择工程标签后，会看到 16 种工程类型，选择"Win32 Console Application"，之后在"位置"文本框和"工程名称"文本框中填入工程相关信息所存放的磁盘位置（目录或文件夹位置）及工程的名字，如图 10.8 所示。

在图 10.8 中，"位置"文本框中填入如"E:\XLY 资料"的内容，这是假设准备在 E 磁盘的"XLY资料"文件夹（即子目录）下存放与工程工作区相关的所有文件及其相关信息，也可通过单击其右部的"…"按钮选择并指定这一文件夹位置。"工程名称"文本框中填入如"first"的工程名（注意，名字由工程性质确定，此时 Visual C++ 6.0 会自动在其下的 Location 文本框中用该工程名"first"建立一个同名子目录，随后的工程文件及其他相关文件都将存放在这个目录下）。

选择"确定"按钮进入下一个选择界面。这个界面主要是询问用户想要构成一个什么类型的工程，其界面如图 10.9 所示。

若选择"一个空工程"项将生成一个空的工程，工程内不包括任何内容。若选择"一个简单的程序"项将生成包含一个空的 main 函数和一个空的头文件的工程。选"一个"Hello World!"程序"项与选"一个简单的程序"项没有什么本质的区别，只是需要包含显示出"Hello World!"字符串的输出语句。若选择"一个支持 MFC 的程序"项，可以利用 Visual C++ 6.0 所提供的类库来进行编程。

图 10.8　新建工程

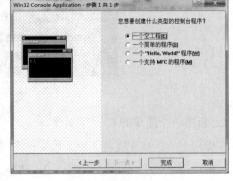

图 10.9　选择创建工程

我们选择"一个空工程"项，从一个空的工程开始工作。单击"确定"按钮，这时 Visual C++ 6.0 会生成一个小型报告，报告的内容是刚才所有选择项的总结，并且询问是否接受这些设置。如果接受，选择"确定"按钮，否则选择"取消"按钮。单击"确定"按钮可进入真正的编程环境。界面情况如图 10.10 所示。

（2）在工作区窗口中查看工程的逻辑架构

注意屏幕中的项目工作区窗口，该窗口中有两个标签，一个是 ClassView，另一个是 FileView（见图 10.11）。ClassView 中列出的是这个工程中所包含的所有类的有关信息，我们的程序不涉及类，这个标签中现在是空的。单击 FileView 标签后，将看到这个工程所包含的所有文件信息。单击"+"图标打开所有的层次，会发现有三个逻辑文件夹：Source Files 文件夹中包含了工程中所有的源文件；Header Files 文件夹中包含了工程中所有的头文件；Resource Files 文件夹中包含了工程中所有的资源文件。所谓资源就是工程中所用到的位图、加速键等信息，现在 FileView 中也不包含任何内容。

图 10.10　创建的工程信息

图 10.11　工程的逻辑架构

逻辑文件夹是逻辑上的，只是在工程的配置文件中定义的，在磁盘上并没有物理存在这三个文件夹。我们可以删除自己不使用的逻辑文件夹，或者根据项目的需要，创建新的逻辑文件夹来组织工程文件。这三个逻辑文件夹是 Visual C++ 6.0 预先定义的，就编写简单的单一源文件的 C 程序而言，只需要使用 Source Files 一个文件夹就够了。

（3）在工程中新建 C 源程序文件并输入源程序代码

下面创建一个"Hello.c"的源程序文件，通过编辑界面来输入所需的源程序代码。选择菜单"工程"中子菜单"添加工程"下的"新建"项，在出现的对话框的文件选项卡中，选择"C++ Source File"项，在右边中间处的"文件名"文本框中输入一个文件名，取名为"hello"，此时的界面情况如图 10.12 所示。

而后选择"确定"按钮,进入输入源程序的编辑窗口(注意出现的呈现"闪烁"状态的输入位置光标),此时只需通过键盘输入所需要的源程序代码,代码如下。

```
#include <stdio.h>
void main()
{
    printf("Hello World!\n");
}
```

可通过工作区窗口中的 FileView 标签,看到 Source Files 文件夹下文件 Hello.c 已经被加了进去,此时的界面情况如图 10.13 所示。

图 10.12 工程中新建程序

图 10.13 在 Hello.c 输入 C 源程序代码

5. 键盘输入年份判断是否为闰年

公历年份是 4 的倍数的,一般都是闰年。但公历年份是整百数的,必须是 400 的倍数才是闰年。要判断某一年是不是闰年,一般方法是判断任意年份是否为闰年,需要满足以下条件中的任意一个:

① 该年份能被 4 整除同时不能被 100 整除;

② 该年份能被 400 整除。

在输入年份变量 x 的值之后,需根据 x 的不同取值范围做不同的处理,使用顺序结构的程序无法解决这一问题的。下面介绍解决此类问题的双分支选择结构语句。

if-else 语句的一般形式为:

if(条件表达式)
语句序列 1;
else
语句序列 2;

if-else 语句的一般形式为:

if(表达式)
语句序列 1;
else
语句序列 2;

功能:先计算条件表达式,然后对其值进行判断,若其值为真,则顺序执行语句序列 1,然后执行 if-else 语句之后的后续语句;若其值为假,则顺序执行语句序列 2,然后执行 if-else 语句之后的后续语句。其执行过程如图 10.14 所示。

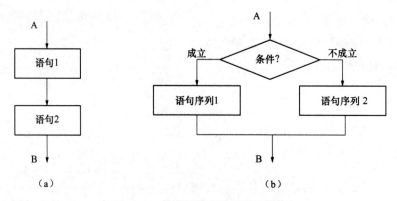

图 10.14　顺序结构与选择结构流程图

如果 Else 部分存在，形成双分支。如果 Else 部分省略，则形成单分支。

程序代码如下：

```
#include <stdio.h>
int main()
{
    int year,a;
    printf("请输入年份: \n");
    scanf("%d",&year);
    if(year%400==0)
        a=1;
    else
    {
        if(year%4==0&&year%100!=0)
            a=1;
        else
            a=0;
    }
    if(a==1)
    {
        printf("%d 此年是闰年\n",year);
    }
    else
    {
        printf("%d 此年非闰年\n",year);
    }
    return 0;
}
```

本实例中使用嵌入式 **if-else** 语句。当 **if** 语句中的执行语句又是 **if** 语句时，则构成了 **if** 语句嵌套的情形。其一般形式如下：

```
if(表达式)
    if 语句;
```

或者

```
if(表达式)
    if 语句;
else
    if 语句;
```

在嵌套内的 if 语句可能又是 if-else 型的，这将会出现多个 if 和多个 else 重叠的情况，这时要特别注意 if 和 else 的配对问题。C 语言规定，else 总是与它前面最近的 if 配对。

6. 计算阶乘

从键盘输入一个正整数，求这个数的阶乘，即 $n!$。

要计算阶乘，首先要清楚阶乘的定义。所谓 n 的阶乘，就是从 1 开始乘以比前一个数大 1 的数，一直乘到 n，用公式表示就是：

$$1 \times 2 \times 3 \times 4 \times \cdots \times (n-2) \times (n-1) \times n = n!$$

具体的操作如下。

利用循环解决问题，设循环变量为 i，初值为 1，i 从 1 变化到 n；依次让 i 与 sum 相乘，并将乘积赋给 sum。

① 定义变量 sum，并赋初值 1。

② i 自增 1。

③ 直到 i 超过 n。

循环结构用于重复执行一些相同或相似的操作，也就是若干条语句的重复执行。要使计算机能够正确地完成循环操作，就必须使循环在有限次的执行后退出。因此，循环的执行要在一定的条件下进行。下面介绍 C 语言中的循环结构。

（1）for 循环

for 循环形式如下：

for（循环变量赋初值；循环条件；循环变量增量）语句

循环变量赋初值总是一个赋值语句，它用来给循环控制变量赋初值；循环条件是一个关系表达式，它决定什么时候退出循环；循环变量增量，定义循环控制变量每循环一次后按什么方式变化。这三个部分之间用 ";" 分开。其执行过程如图 10.15 所示。

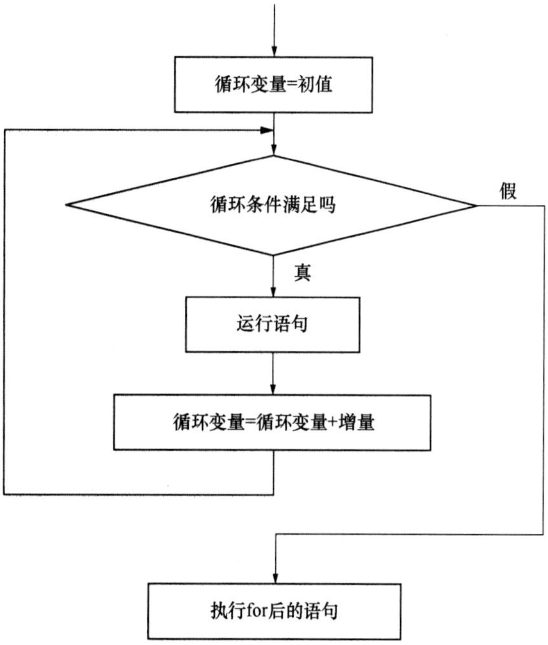

程序代码如下：

```c
#include <stdio.h>
int main()
{
    int i,n;
    double sum=1;
        scanf("%d",&n);
    for(i=1;i<=n;i++)
        sum=sum*i;
    printf("%d!=%lf",n,sum);
    printf("\n");
    return 0;
}
```

图 10.15　for 循环语句执行的流程

输入 20，对应的阶乘输出情况如图 10.16 所示。

由于阶乘的结果一般较大，会超出整型甚至是长整型所能表示的范围，因此定义变量时就不能定义为整型，而应该考虑双精度数。程序中定义了一个 double 双精度型的变量，用来存放结果。因此在输出时应注意双精度数的输出格式。

图 10.16 20 的阶乘

（2）while 循环

while 循环又称当循环，用于循环次数不确定，但控制条件可知的场合。它可以根据给定条件的成立与否决定程序的流程。

格式一：

```
while (<条件表达式>);
语句;
```

其中，while 后面括号中的表达式是循环控制的条件，根据表达式的值为真（非 0 值）或为假（为 0 值）确定是否执行后面的语句，它可以使任意的表达式。

循环体语句可以是一条，也可以是多条，多条的时候应用复合语句{}将多条语句括起来。

while 语句的特点是先判断表达式，再执行循环体语句。其执行过程如图 10.17（a）所示。

格式二：

```
do
语句
while (<表达式>);
```

do...while 循环是 while 循环的另一种形式。在检查 while()条件是否为真之前，该循环首先会执行一次 do{}之内的语句，然后在 while()内检查条件是否为真，如果条件为真的话，就会重复 do...while 这个循环，直至 while()为假。其执行过程如图 10.17（b）所示。

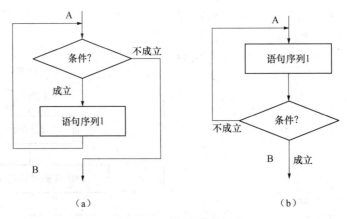

（a）　　　　　　　　　　　　（b）

图 10.17 循环结构流程

把上面用 for 结构编写的程序用 while 结构实现。在这里加了下个对正数的判断。源程序代码如下：

```
#include <stdio.h>
main()
{
    int i,n;
    double sum;
    printf("please enter a integer:\n");
```

```
scanf("%d",&n);
if(n>=0)
{
    sum=1;
    i=1;
    while(i<=n)
    {
        sum=sum*i;
        i++;
    }
        printf("%d!=%lf",n,sum);
        printf("\n");
}
else
    printf("Sorry! You enter a wrong number.\n");
}
```

7. 输出九九乘法表

九九乘法表由九行九列构成，可以首先考虑一行怎么输出、一个口诀怎么输出，这样就把复杂问题简单化了。我们可以用 printf ("%d*%d=%2d\t", i, j, i*j)；这条语句输出一条口诀，那么这条语句重复执行九次，而九行就是把一行输出九次重复，只是在运行时行和列的值在不断变化。这就要用到循环嵌套。

循环体内又出现循环结构称为循环嵌套或多重循环，用于较复杂的循环问题。前面介绍的几种基本循环结构都可以相互嵌套。计算多重循环的次数为每一重循环次数的乘积。

这种嵌套过程可以有很多重。一个循环外面仅包围一层循环叫二重循环；一个循环外面包围两层循环叫三重循环；一个循环外面包围多层循环叫多重循环。

三种循环语句 for、while、do...while 可以互相嵌套自由组合。但要注意的是，各循环必须完整，相互之间绝不允许交叉。

我们把输出一行的循环称为内循环，把完成九行的循环称为外循环。

程序代码如下：

```
#include <stdio.h>
int main() {
    int i,j;  // i, j 控制行或列
    for(i=1;i<=9;i++) {
        for(j=1;j<=9;j++)
            // %2d 控制宽度为两个字符,且右对齐;如果改为 %-2d 则为左对齐
            // \t 为 tab 缩进
            printf("%d*%d=%2d\t", i, j, i*j);
        printf("\n");
    }
    return 0;
}
```

运行结果如图 10.18 所示。

如果我们想输出一个右上三角形的九九乘法表，可以对源程序进行修改，代码如下，运行结果如图 10.19所示。

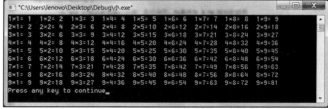

图 10.18　九九乘法表

```
#include <stdio.h>
int main() {
    int i,j;
    for(i=1;i<=9;i++){
        for(j=1;j<=9;j++){
            if(j<i)
                //输出8个空格,去掉空格就是右上三角形
                printf("        ");
            else
                printf("%d*%d=%2d  ",i,j,i*j);
        }
        printf("\n");
    }
    return 0;
}
```

图 10.19　右上三角形九九乘法表

四、上机实验

（1）已知一个长方体，输入这个长方体的长、宽和高，计算出这个长方体的体积。

（2）求 1+2+3+4+5+…+100 的和。

10.2　习题

一、选择题

1. 下列描述正确的是（　　）。

    A. 程序就是软件　　　　　　　　　　　　B. 软件开发不受计算机系统的限制

    C. 软件既是逻辑实体，又是物理实体　　　D. 软件是程序、数据与相关文档的集合

2. 下列描述正确的是（　　）。

    A. 软件工程只是解决软件项目的管理问题

    B. 软件工程主要解决软件产品的生产率问题

    C. 软件工程的主要思想是强调在软件开发过程中需要应用工程化原则

    D. 软件工程只是解决软件开发中的技术问题

3. 下面不属于软件工程的三个要素的是（　　）。

    A. 工具　　　　　　　　B. 过程　　　　　　　　C. 方法　　　　　　　　D. 环境

4. 下列叙述正确的是（　　）。

    A. 软件交付使用后还需要进行维护

    B. 软件一旦交付使用就不需要再进行维护

C. 软件交付使用后其生命周期就结束

D. 软件维护是指修复程序中被破坏的指令

5. 下列选项不属于软件生命周期开发阶段任务的是（　　）。

   A. 软件测试　　　　B. 概要设计　　　　C. 软件维护　　　　D. 详细设计

6. 软件工程学一般包括软件开发技术和软件工程管理两方面的内容。软件工程经济学是软件工程管理的技术内容之一，它专门研究（　　）。

   A. 软件开发的方法学　　　　　　　　B. 软件开发技术和工具

   C. 软件成本效益分析　　　　　　　　D. 计划、进度和预算

7. 下面不属于软件工程原则的是（　　）。

   A. 抽象　　　　　B. 模块化　　　　　C. 自底向上　　　　D. 信息隐蔽

8. 计算机辅助软件工程，简称为（　　）。

   A. SA　　　　　B. SD　　　　　C. SC　　　　　D. CASE

9. 需求分析阶段的任务是确定（　　）。

   A. 软件开发方法　　B. 软件开发工具　　C. 软件开发费用　　D. 软件系统功能

10. 软件需求分析阶段的工作，可以分为四个方面：需求获取，需求分析，编写需求规格说明书，以及（　　）。

   A. 阶段性报告　　　B. 需求评审　　　　C. 总结　　　　　D. 都不正确

11. 结构化分析方法是面向（　　）的自顶向下逐步求精进行需求分析的方法。

   A. 对象　　　　　B. 数据结构　　　　C. 数据流　　　　D. 目标

12. 下列工具中为需求分析常用工具的是（　　）。

   A. PAD　　　　　B. PFD　　　　　C. N-S　　　　　D. DFD

13. 数据流图用于抽象描述一个软件的逻辑模型，数据流图由一些特定的图符构成。下面图符号不属于数据流图的是（　　）。

   A. 控制流　　　　　B. 加工　　　　　C. 数据存储　　　　D. 源和潭

14. 下列叙述中，不属于软件需求规格说明书的作用的是（　　）。

   A. 便于用户、开发人员进行理解和交流

   B. 反映出用户问题的结构，可以作为软件开发工作的基础和依据

   C. 作为确认测试和验收的依据

   D. 便于开发人员进行需求分析

15. 以下所述中，（　　）是软件调试技术。

   A. 错误推断　　　　B. 集成测试　　　　C. 回溯法　　　　D. 边界值分析

16. 从工程管理角度，软件设计一般分为两步完成，它们是（　　）。

   A. 概要设计与详细设计　　　　　　　B. 数据设计与接口设计

   C. 软件结构设计与数据设计　　　　　D. 过程设计与数据设计

17. 两个或两个以上模块之间关联的紧密程度称为（　　）。

   A. 耦合度　　　　　B. 内聚度　　　　　C. 复杂度　　　　D. 数据传输特性

18. 为了提高模块的独立性，模块之间最好是（　　）。

   A. 控制耦合　　　　B. 公共耦合　　　　C. 内容耦合　　　　D. 数据耦合

19. 为了使模块尽可能独立，要（　　）。

A. 模块的内聚程度尽量高，且各模块间的耦合程度尽量强

B. 模块的内聚程度尽量高，且各模块间的耦合程度尽量弱

C. 模块的内聚程度尽量低，且各模块间的耦合程度尽量弱

D. 模块的内聚程度尽量低，且各模块间的耦合程度尽量强

20. 软件的结构化开发过程各阶段都应产生规范的文档，以下（   ）不是在概要设计阶段应产生的文档。

A. 集成测试计划　　　　　　　　　B. 软件需求规格说明书

C. 概要设计说明书　　　　　　　　D. 数据库设计说明书

21. 软件结构设计的图形工具是（   ）。

A. DFD 图　　　　B. 程序图　　　　C. PAD 图　　　　D. N-S 图

22. 检查软件产品是否符合需求定义的过程称为（   ）。

A. 系统测试　　　　B. 集成测试　　　　C. 验收测试　　　　D. 单元测试

23. 下列叙述中正确的是（   ）。

A. 程序设计就是编制程序

B. 程序的测试必须由程序员自己去完成

C. 程序经调试改错后还应进行再测试

D. 程序经调试改错后不必进行再测试

24. 在软件设计中，不属于过程设计工具的是（   ）。

A. PDL（过程设计语言）　　　　　B. PAD 图

C. N-S 图　　　　　　　　　　　　D. DFD 图

25. 程序流程图（PFD）中的箭头代表的是（   ）。

A. 数据流　　　　B. 控制流　　　　C. 调用关系　　　　D. 组成关系

26. 为了避免流程图在描述程序逻辑时的灵活性，提出了用方框图来代替传统的程序流程图，通常也把这种图称为（   ）。

A. PAD 图　　　　B. N-S 图　　　　C. 结构图　　　　D. 数据流图

27. 下列对于软件测试的描述中正确的是（   ）。

A. 软件测试的目的是证明程序是否正确

B. 软件测试的目的是使程序运行结果正确

C. 软件测试的目的是尽可能地多发现程序中的错误

D. 软件测试的目的是使程序符合结构化原则

28. 为了提高测试的效率，应该（   ）。

A. 随机地选取测试数据　　　　　　B. 取一切可能的输入数据作为测试数据

C. 在完成编码以后制定软件的测试计划　　D. 选择发现错误可能性大的数据作为测试数据

29. 使用白盒测试方法时，确定测试数据应根据（   ）和指定的覆盖标准。

A. 程序的内部逻辑　　B. 程序的复杂结构　　C. 使用说明书　　D. 程序的功能

二、填空题

1. 程序测试分为静态分析和动态测试，其中（   ）是指不执行程序，而只是对程序文本进行检查，通过阅读和讨论，分析和发现程序中的错误。

2. 等价类型划分法是（   ）测试常用的方法。

3. 在进行模块测试时，要为每个被测试的模块另外设计两类模块：驱动模块和承接模块（桩模块）。其中（　　　）的作用是将测试数据传送给被测试的模块，并显示被测试模块所产生的结果。

4. 质量保证策略大致分为三个阶段：以检测为重、（　　　）和以新产品开发为重。

5. 数据流图的类型有（　　　）和事务型。

6. （　　　）的任务是诊断和改正程序中的错误。

7. 通常将软件产品从提出、实现、使用维护到停止使用退役的过程称为（　　　）。

8. 耦合和内聚是评价模块独立性的两个主要标准，其中（　　　）反映了模块内各成分之间的联系。

9. 软件工程研究的内容主要包括（　　　）技术和软件工程管理。

10. Jackson 结构化程序设计方法是一种面向（　　　）的设计方法。

11. 软件设计模块化的目的是（　　　）。

12. 数据流图的类型有（　　　）和事务型。

13. 软件危机出现于 20 世纪 60 年代末，为了解决软件危机，人们提出了（　　　）的原理来设计软件，这就是软件工程诞生的基础。

14. 软件开发环境是全面支持软件开发全过程的（　　　）集合。

15. 测试的目的是暴露错误、评价程序的可靠性，而（　　　）的目的是发现错误的位置并改正错误。

16. 软件维护活动包括以下几类：改正性维护、适应性维护、（　　　）维护和预防性维护。

17. 软件结构是以（　　　）为基础而组成的一种控制层次结构。

18. 为了便于对照检查，测试用例应由输入数据和预期的（　　　）两部分组成。

19. 软件工程包括 3 个要素，分别为方法、工具和（　　　）。

20. 软件工程的出现是由于（　　　）。

21. 单元测试又称模块测试，一般采用（　　　）测试。

22. 软件的（　　　）设计又称为总体结构设计，其主要任务是建立软件系统的总体结构。

23. 软件是程序、数据和（　　　）的集合。

24. 对软件是否能达到用户所期望的要求的测试称为（　　　）。

11.1　实验 MySQL 数据库应用

一、实验目的

（1）了解 MySQL 数据库窗口的基本组成。

（2）学会创建数据库文件。

（3）掌握在数据库中创建数据表并录入信息。

二、实验内容

（1）使用 MySQL 创建学生课程数据库。

（2）在学生课程数据库中创建三个表：学生表 Student（见表 11.1）、课程表 Course
（见表 11.2），选修表 SC（见表 11.3）。

（3）对数据表数据进行修改、删除、查询。

表 11.1　学生表 Student

学号 Sno	姓名 Sname	性别 Ssex	年龄 Sage	所在系 Sdept
201215121	李勇	男	20	CS
201215122	刘晨	女	19	CS
201215123	张立	男	18	IS
201215125	王敏	女	19	MA
201215126	张帆	女	19	PM
201215127	欧阳锋	男	19	IS

表 11.2　课程表 Course

课程号 Cno	课程名 Cname	先行课 Cpno	学分 Ccredit
1	数据库	5	4
2	高数		2
3	信息系统	1	4
4	操作系统	6	3
5	数据结构	7	4
6	数据处理		2
7	PASCAL 语言	6	4
8	DB_Design	5	4

表 11.3　选修表 SC

学号 Sno	课程号 Cno	成绩 Grade
201215121	1	92
201215121	2	85
201215121	3	88
201215122	2	90
201215122	3	80

三、实验步骤

1. 创建空数据库

（1）打开 MySQL 登录窗口（见图 11.1），输入用户名和密码之后单击"连接"按钮进入 MySQL 启动窗口（见图 11.2）。

图 11.1　登录窗口

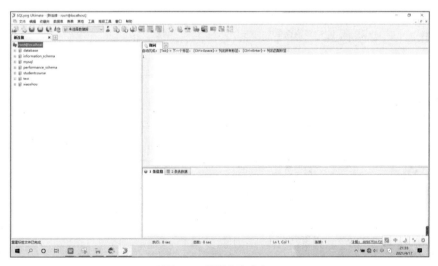

图 11.2　数据库启动窗口

（2）创建学生课程数据库。单击"创建数据库"（见图 11.3），打开"创建数据库"对话框，在"数据库名称"文本框中输入数据库名"student1"，单击"创建"按钮，这时就创建了一个空的数据库。

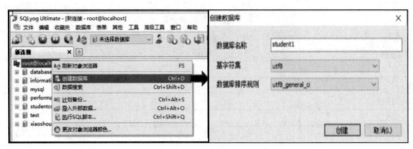

图 11.3　创建数据库

2. 数据表的建立

（1）定义表结构

表（Table）是数据库管理系统的基础，根据表 11.1～表 11.3 建立数据表，依据表 11.4 中数据类型及含义说明，定义这三个表的数据结构（见表 11.5～表 11.7）。

表 11.4　SQL 中常用数据类型及含义

数据类型	含义
CHAR(n)	长度为 n 的定长字符串
VARCHAR(n)	最大长度为 n 的变长字符串
INT	长整数
SMALLINT	短整数
NUMERIC(p,d)	定点数，由 p 位数字（不包括符号、小数点）组成，小数后面有 d 位数字
REAL	取决于机器精度的浮点数
DOUBLE PRECISION	取决于机器精度的双精度浮点数
FLOAT(n)	浮点数，精度至少 n 位数字
DATE	日期，包含年、月、日，格式为 YYYY-MM-DD
TIME	时间，包含时、分、秒，格式为 HH:MM:SS

表 11.5　学生表 Student 的结构

字段名	数据类型	长度	默认
Sno	CHAR	9	—
Sname	CHAR	20	—
Ssex	CHAR	2	男
Sage	SMALLINT	2	—
Sdept	CHAR	20	—

表 11.6　课程表 Course 的结构

字段名	数据类型	长度	默认
Cno	CHAR	4	—
Cname	CHAR	40	—
Cpno	CHAR	4	—
Ccredit	SMALLINT	2	—

表 11.7　选修表 SC 的结构

字段名	数据类型	长度	默认
Sno	CHAR	9	—
Cno	CHAR	4	—
Grade	SMALLINT	2	—

（2）创建表结构

① 首先创建表。

② 根据表 11.5 建立 student 表结构（见图 11.4）。

图 11.4　建立 student 表结构

③ 保存，创建 student 表成功（见图 11.5）。

图 11.5　student 新表

④ 单击创建好的 student 表，并单击表数据，根据表 11.1 进行数据输入（见图 11.6），所有数据输入完成后如图 11.7 所示。

	sno	sname		ssex	sage	sdept	
☐	20121521	(NULL)	OK		(NULL)	(NULL)	OK
*	201215122	(NULL)	OK	(NULL)	(NULL)	(NULL)	OK
*	(NULL)	(NULL)	OK	(NULL)	(NULL)	(NULL)	OK

图 11.6　student 表信息输入操作

	SNO	SNAME	SSEX	SAGE	SDEPT
☐	201215121	李勇	男	20	CS
☐	201215122	刘晨	女	19	CS
☐	201215123	张立	男	19	IS
☐	201215125	王敏	女	18	MA
☐	201215126	张飒	女	19	PH
☐	201215127	欧阳峰	男	19	IS

图 11.7　student 表数据

（3）依照以上步骤继续创建 course 表和 cs 表，创建成功后的表如图 11.8 和图 11.9 所示。

	CNO	CNAME	CPNO	CCREDIT
☐	1	数据库	5	4
☐	2	高数	(NULL)	2
☐	3	信息系统	1	4
☐	4	操作系统	6	3
☐	5	数据结构	7	4
☐	6	数据处理	(NULL)	2
☐	7	PASCAL语言	6	4
☐	8	DB_Design	5	4

图 11.8　course 表

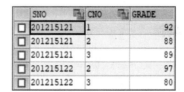

	SNO	CNO	GRADE
☐	201215121	1	92
☐	201215121	2	88
☐	201215121	3	89
☐	201215122	2	97
☐	201215122	3	80

图 11.9　cs 表

这样学生课程数据库的基本表就建立好了。

3. 对数据表数据进行修改、删除、查询

（1）数据表数据的修改

假设李四由原来的 MA 专业转为 IS 专业，这时单击需要修改的数据（见图 11.10），填入数据 "IS"，单击 "save changes" 按钮进行保存。

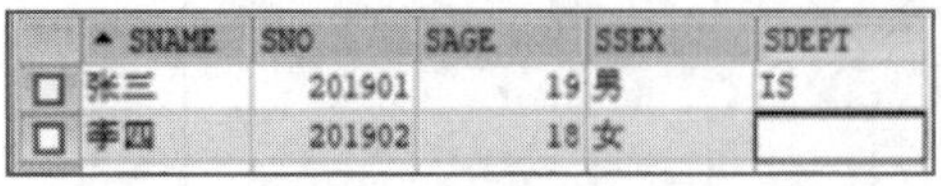

图 11.10　修改数据表

图 11.11　数据删除

（2）数据表数据的删除

选择想删除的数据行，例如删除王二这一行数据，选中此行，单击消息框中的垃圾桶图标（见图 11.11），出现删除对话框（见图 11.12），单击 "是" 按钮，删除成功后的新数据表如图 11.13 所示。

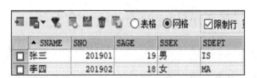

图 11.12　删除对话框

图 11.13　删除成功后的新数据表

（3）数据表数据的查询

在图 11.13 所示的新数据表上查询 student 表中所有学号，在询问窗口输入相应 SQL 查询语句（见图 11.14），选择 "执行并编辑结果集"（见图 11.14），再选择 "刷新对象浏览器"（见图 11.15），查询操作完成，得到查询结果如图 11.16 所示。

图 11.14　输入 SQL 查询语句

图 11.15　刷新对象浏览器

图 11.16　查询结果

四、上机实验

（1）创建学生课程数据库。

（2）在学生课程数据库中的创建三个表：学生表 Student（见表 11.1）、课程表 Course（见表 11.2）、选修表 SC（见表 11.3）。

（3）对数据表数据进行修改、删除、查询。

11.2 习题

选择题

1. 数据库管理系统中负责数据模式定义的语言是（   ）。

    A. 数据定义语言   B. 数据管理语言   C. 数据操纵语言   D. 数据控制语言

2. 在学生管理的关系数据库中，存取一个学生信息的数据单位是（   ）。

    A. 文件   B. 数据库   C. 字段   D. 记录

3. 数据库设计中反映用户对数据要求的模式是（   ）。

    A. 内模式   B. 概念模式   C. 外模式   D. 设计模式

4. 当前应用最广泛的数据模型是（   ）。

    A. E-R 模型   B. 关系模型   C. 网状模型   D. 层次模型

5. 数据库系统的三级模式不包括（   ）。

    A. 概念模式   B. 内模式   C. 外模式   D. 数据模式

6. 层次、网状和关系数据库的划分原则是（   ）。

    A. 记录长度   B. 文件的大小

    C. 联系的复杂程度   D. 数据之间的联系方式

7. 负责数据库中查询操作的数据库语言是（   ）。

    A. 数据定义语言   B. 数据管理语言   C. 数据操纵语言   D. 数据控制语言

8. 一个教师可讲授多门课程，一门课程可由多个教师讲授，则实体教师和课程间的联系为（   ）。

    A. 1:1 联系   B. 1:m 联系   C. m:1 联系   D. m:n 联系

9. 一个工作人员可以使用多台计算机，而一台计算机可被多个人使用，则实体工作人员与实体计算机之间的联系是（   ）。

    A. 一对一   B. 一对多   C. 多对多   D. 多对一

10. 有 3 个关系 R、S 和 T 如下：

A	B	C
a	1	1
b	2	1
c	3	1

A	D
c	4

A	B	C	D
c	3	1	4

          R   S   T

则由关系 R 和 S 得到 T 的操作是（   ）。

    A. 自然连接   B. 交   C. 投影   D. 并

11. 有两个关系 R 和 T 如下：

A	B	C
a	1	2
b	2	2
c	3	2
d	3	2

A	B	C
c	3	2
d	3	2

          R   T

则由关系 R 得到关系 T 的操作是（   ）。

    A. 选择   B. 投影   C. 交   D. 并

12. 有一个学生选课的关系，其中学生的关系模式为：学生（学号，姓名，班级，年龄），课程的关系模式为：课程（课号，课程名，学时），其中两个关系模式的键分别是学号和课号，则关系模式选课可以定义为：选课（学号，（   ）,成绩）。

    A. 姓名   B. 班级   C. 课号   D. 课程名

13. 有 3 个关系 R、S 和 T 如下：

A	B	C
a	1	1
b	2	1
c	3	1

R

A	B	C
a	1	1
b	2	1

S

A	B	C
c	3	1

T

则由关系 R 和 S 得到 T 的操作是（   ）。

    A. 自然连接   B. 交   C. 差   D. 并

14. 有 3 个关系 R、S 和 T 如下：

A	B	C
a	1	1
b	2	1
c	3	1

R

A	B
c	3

S

C
1

T

则由关系 R 和 S 得到 T 的操作是（   ）。

    A. 自然连接   B. 交   C. 除   D. 并

15. 下列叙述中，不属于数据库系统的是（   ）。

    A. 数据库   B. 数据库管理系统   C. 数据库管理员   D. 数据库应用系统

16. 在数据管理技术发展过程中，文件系统与数据库系统的主要区别是数据库系统具有（   ）

    A. 特定的数据模型   B. 数据无冗余

    C. 数据可共享   D. 专门的数据管理软件

17. 为用户与数据库系统提供接口的语言是（   ）。

    A. 高级语言   B. 数据描述语言   C. 数据操纵语言   D. 汇编语言

18. 在关系数据库中，对数据的基本操纵有（   ）、选择和连接 3 种。

    A. 小于影射   B. 投影   C. 扫描   D. 检索

19. 分布式数据库系统不具有的特点是（   ）。

    A. 分布式   B. 数据冗余

    C. 数据分布性和逻辑整体性   D. 位置透明性和复制透明性

20. 下述描述中，不属于数据库管理系统功能的是（   ）

    A. 定义数据库   B. 提供进程调度   C. 提供用户接口   D. 提供并发控制机制

21. 有 3 个关系 R、S 和 T 如下：

A	B	C
1	1	2
2	2	3

R

A	B	C
3	1	3

S

A	B	C
1	1	2
2	2	3
3	1	3

T

　　　则下列操作中正确的是（　　　）。

　　A．T=R∩S　　　　　B．T=R∪S　　　　　C．T=R×S　　　　　D．T=R/S

22．用树形结构表示实体之间联系的模型是（　　　）。

　　A．关系模型　　　　B．网状模型　　　　C．层次模型　　　　D．以上 3 个都是

23．在关系数据库中，用来表示实体之间联系的是（　　　）。

　　A．树结构　　　　　B．网结构　　　　　C．线性表　　　　　D．二维表

24．模型是对现实世界的抽象，在数据库技术中表示实体类型及实体间联系的模型称为（　　　）。

　　A．数据模型　　　　B．实体模型　　　　C．逻辑模型　　　　D．物理模型

25．数据库系统体系结构的三级模式间存在两种映像，它们是（　　　）。

　　A．模式与内模式间，模式与模式间

　　B．模式与子模式间，模式与内模式间

　　C．子模式与外模式间，模式与内模式间

　　D．子模式与内模式间，外模式与内模式间

26．下述关于数据库系统的叙述中正确的是（　　　）。

　　A．数据库系统减少了数据冗余

　　B．数据库系统避免了一切冗余

　　C．数据库系统中数据的一致性是指数据类型的一致

　　D．数据库系统比文件系统能管理更多的数据

第12章　信息安全与职业道德

12.1　实验　计算机病毒防护

一、实验目的

（1）了解常见网络安全威胁与攻击的行为。

（2）熟悉掌握计算机实现信息安全目标的途径。

二、实验内容

（1）熟悉 360 杀毒软件的安装方法。

（2）熟练掌握 360 杀毒软件查杀病毒的方法。

三、实验步骤

1. 安装 360 杀毒软件

（1）要安装 360 杀毒软件，先通过官方网站下载最新版本的 360 杀毒软件安装程序。

（2）双击运行下载好的安装包，弹出 360 杀毒软件安装向导。在这一步可以选择安装路径，单击"更换目录"按钮选择安装目录，不选择路径则按照默认设置安装，如图 12.1 所示。

（3）接下来开始安装。安装完成之后就能看到杀毒主界面了（见图 12.2）。

图 12.1　安装主界面

2. 病毒查杀

（1）360 杀毒软件具有实时病毒防护和手动扫描功能，实时防护功能在文件被访问时对文件进行扫描，及时拦截活动的病毒。在发现病毒时会弹出提示窗口，如图 12.3 所示。

（2）360 杀毒软件提供了以下几种病毒扫描方式。

① 快速扫描：扫描 Windows 系统目录及 Program Files 目录。

图 12.2　360 杀毒软件主界面

图 12.3　发现病毒提示窗口

② 全盘扫描：扫描所有磁盘。

③ 自定义扫描：扫描指定的目录。

④ 右键扫描：当用户在文件或文件夹上单击鼠标右键时，可以选择"使用 360 杀毒扫描"对选中文件或文件夹进行扫描。

（3）360 杀毒软件通过主界面可以直接使用快速扫描、全盘扫描、自定义扫描和常用工具栏，其中自定义扫描下还有以下几种扫描方式：Office 文档、我的文档、我的扫描、手机病毒和桌面。

（4）360 杀毒软件界面提供全盘扫描和快速扫描两个类型，全盘扫描是对系统彻底的检查，对计算机中的每一个文件都会进行检测，所以花费的时间是很长的。快速扫描是推荐用户使用的，会对计算机中关键的位置及容易受到木马侵袭的位置进行扫描，扫描的文件较少，所以速度很快。

若用户的时间足够，可以选择全盘扫描来对计算机进行一次大检查；如果想快速检测计算机，选择快速扫描即可。

（5）以快速扫描为例，单击快速扫描后，360 杀毒软件会来到扫描界面对系统设置、常用软件、内存活跃程序、开机启动项、系统关键位置进行扫描，等待扫描完成后（1～2 分钟），在扫描界面的下方会出现有异常的问题，如图 12.4 所示，可以选中有异常的问题，然后单击"立即处理"按钮，这些问题就会被修复。

图 12.4　快速扫描界面

（6）在 360 杀毒软件主界面还有"功能大全"选项，进入"功能大全"界面后，如图 12.5 所示，会出现系统安全、系统优化、系统急救三大类选项，在各自的下方还有很多功能。

四、上机实验

用 360 杀毒软件扫描计算机 D 盘，并进行清理。

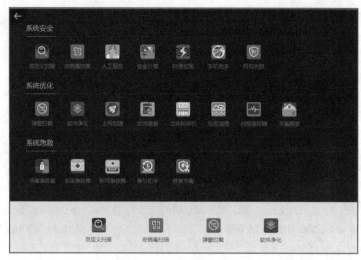

图 12.5 "功能大全"主界面

12.2 习题

一、选择题

1. 以下网络攻击中,(   )属于被动攻击。

   A. 拒绝服务攻击　　　B. 重放　　　　　　　C. 假冒　　　　　　　D. 窃听

2. 面向身份信息的认证应用中,最简单的认证方法是(   )。

   A. 基于数据库的认证　　　　　　　　　B. 基于摘要算法认证

   C. 基于 PKI 认证　　　　　　　　　　　D. 基于账户名/口令认证

3. 公钥体系中,用户甲发送给用户乙的数据要用(   )进行加密。

   A. 甲的公钥　　　　　B. 甲的私钥　　　　　C. 乙的公钥　　　　　D. 乙的私钥

4. 在电子政务信息系统设计中应高度重视系统的(   )设计,防止对信息的篡改、越权获取和蓄意破坏。

   A. 容错　　　　　　　B. 结构化　　　　　　C. 可用性　　　　　　D. 安全性

5. 以下选项中,不属于生物特征识别方法的是(   )。

   A. 语音识别　　　　　B. 指纹识别　　　　　C. 气味识别　　　　　D. 身份证号识别

6. 下列网络攻击行为中,属于 DoS 攻击的是(   )。

   A. 特洛伊木马攻击　　B. SYN Flooding 攻击

   C. 端口欺骗攻击　　　D. IP 欺骗攻击

7. 下面属于蠕虫病毒的是(   )。

   A. Worm.Sasser 病毒　　　　　　　　　B. Trojan.QQPSW 病毒

   C. Backdoor.IRCBot 病毒　　　　　　　D. Macro.Melissa 病毒

8. 杀毒软件报告发现病毒 Macro.Melissa,由该病毒名称可以推断出病毒类型是(   )。

   A. 文件型　　　　　　B. 引导型　　　　　　C. 目录型　　　　　　D. 宏病毒

9. 依据《中华人民共和国网络安全法》,某大学购买了上网行为管理设备,安装时设定设备日志应该保存(   )。

A．1 个月　　　　　　B．3 个月　　　　　　C．6 个月　　　　　　D．12 个月

10.《中华人民共和国刑法》（2015 年修正）规定侵入国家事务、国防建设、尖端科学技术领域的计算机信息系统的，处（　　）有期徒刑或者拘役。

A．一年以上　　　　B．三年以下　　　　C．五年以上　　　　D．三年以上七年以下

11. 依据《信息安全等级保护管理办法》，信息系统安全保护等级分为（　　）级。

A．2　　　　　　　B．3　　　　　　　C．4　　　　　　　D．5

12. 在 X.509 标准中，不包含在数字证书中的数据域是（　　）。

A．序列号　　　　　B．签名算法　　　　C．认证机构的签名　　　D．私钥

13. 计算机感染特洛伊木马后的典型现象是（　　）。

A．程序异常退出　　　　　　　　　　B．有未知程序试图建立网络连接

C．垃圾箱被垃圾邮件填满　　　　　　D．Windows 系统黑屏

14. 下列行为不属于网络攻击的是（　　）。

A．连续不停 Ping 某台主机　　　　　B．发送带病毒和木马的电子邮件

C．向多个邮箱群发一封电子邮件　　　D．暴力破解服务器密码

二、简答题

通常一个密码系统简称密码体制，简述密码体制的构成。

三、操作题

1. 查找 5 个省市不同种类数字证书颁发的网站。

2. 选择一个数字证书的颁发机构申请一个数字证书。

第13章 计算机新技术及应用

习题

一、单选题

1. 下列不属于云计算特点的是（   ）。

    A. 高可扩展性   B. 按需服务   C. 高可靠性   D. 非网络化

2. （   ）是指无法在一定时间范围内用常规软件工具（IT 技术和软硬件工具）进行捕捉、管理、处理的数据集合。

    A. 大数据   B. 云计算   C. 移动互联网   D. 人工智能

3. 下列不属于移动互联网特点的是（   ）。

    A. 便携性   B. 即时性   C. 高可靠性   D. 定向性

4. （   ）是基础设施即服务。消费者通过 Internet 可以从完善的计算机基础设施获得服务。例如硬件服务器租用。

    A. IaaS   B. PaaS   C. SaaS   D. DaaS

5. （   ）在五个方面有出色的表现：数据安全；服务质量；充分利用现有硬件资源；支持定制和遗留应用；不影响现有 IT 管理的流程。

    A. 公有云   B. 私有云   C. 混合云   D. 行业云

6. 物联网的核心和基础仍然是（   ）

    A. RFID   B. 计算机技术   C. 人工智能   D. 互联网

7. "人工智能"一词最初是在（   ）年提出的。

    A. 1956   B. 1982   C. 1985   D. 1986

8. 感知层是物联网体系架构的（   ）层。

    A. 第一   B. 第二   C. 第三   D. 第四

9. 物联网体系架构中，应用层相当于人的（   ）。

    A. 大脑   B. 皮肤   C. 社会分工   D. 神经中枢

10. 云计算中，提供资源的网络被称为（   ）。

    A. 母体   B. 导线   C. 数据池   D. 云

11. 云计算通过共享（   ）的方法将巨大的系统池连接在一起。

    A. CPU   B. 软件   C. 基础资源   D. 处理能力

12. （   ）即虚拟现实，是一种可以创建和体验虚拟世界的计算机仿真系统。

　　A．VR　　　　　　　　B．AR　　　　　　　　C．MR　　　　　　　　D．CR

二、多选题

1．大数据时代的五个无处不在，具体指的是（　　　）、服务无处不在。

　　A．软件无处不在　　　B．计算无处不在　　　C．大数据无处不在　　　D．网络无处不在

2．关于大数据的内涵，以下理解正确的是（　　　）。

　　A．大数据里面蕴藏着大知识、大智慧、大价值和大发展

　　B．大数据还是一种思维方式和新的管理、治理路径

　　C．大数据就是很大的数据

　　D．大数据在不同领域，又有不同的状况

3．云计算使得使用信息的存储是一个（　　　）方式，它会大大地节约网络的成本，使得网络将来越来越泛在、越来越普及、成本越来越低。

　　A．分布式　　　　　　B．密闭式　　　　　　C．密集式　　　　　　D．共享式

4．大数据的来源包括（　　　）。

　　A．探测数据　　　　　B．互联网数据　　　　C．传感器数据　　　　D．实时数据

5．下列属于物联网架构感知层的是（　　　）。

　　A．二维码标签　　　　B．摄像头　　　　　　C．GPS　　　　　　　D．RFID 标签和读卡器

6．物联网感知层解决的就是（　　　）的数据获取问题。

　　A．人类世界　　　　　B．物理世界　　　　　C．虚拟世界　　　　　D．交互世界

7．物联网的网络层包括（　　　）。

　　A．接入网　　　　　　B．基础总线　　　　　C．核心网　　　　　　D．上层总线

8．云计算是（　　　）的发展。

　　A．交叉计算　　　　　B．分布式计算　　　　C．并行计算　　　　　D．网格计算

9．人工智能的研究包括（　　　）。

　　A．机器人　　　　　　B．机器视觉　　　　　C．图像识别　　　　　D．自然语言处理

10．人工智能目前的主要方法包括（　　　）。

　　A．神经元网络　　　　B．神经网络　　　　　C．进化计算　　　　　D．粒度计算

11．数据挖掘就是从大量的（　　　）的实际应用数据中，提取隐含在其中的、人们事先不知道的但又是潜在有用的信息和知识的过程。

　　A．不完全的　　　　　B．有噪声的　　　　　C．模糊的　　　　　　D．随机的

12．根据挖掘方法，可将数据挖掘粗分为（　　　）。

　　A．机器学习方法　　　B．统计方法　　　　　C．神经网络方法　　　D．数据库方法

三、简答题

1．云计算的关键技术有哪些？

2．简述人工智能的定义。

3．人工智能有哪些主要研究领域？

4．简述大数据数据处理流程。

5．物联网的应用主要涵盖了哪些领域？

6．物联网的体系架构包括哪几层？